建设社会主义新农村图示书系

国家西甜瓜产业技术体系和西甜瓜种传细菌性果斑病综合防控技术研究与示范专项资助

图说西瓜甜瓜病虫害防治关键技术

赵廷昌　主编

中国农业出版社

编者名单

主　编　赵廷昌

编　者　（按姓名笔画排序）

王少丽　古勤生　刘志恒

杨玉文　宋凤鸣　张友军

赵廷昌　胡　俊

前 言

我国是世界上最大的西瓜、甜瓜生产国和消费国。西瓜和甜瓜病虫害不但种类繁多，而且分布广泛、危害严重。21世纪以来，西瓜、甜瓜病虫害的发生规律出现了一些新特点，重要病虫害频繁暴发成灾，一些次要病虫害上升为主要病虫害，这就对有害生物的综合治理提出了更高的要求。

在国家西甜瓜产业技术体系和西甜瓜种传细菌性果斑病综合防控技术研究与示范等项目的资助下，我们对西瓜、甜瓜病虫害的发生规律和防治关键技术开展了系统研究，取得了一些新成果，推出了一些新技术。为了更好地指导西瓜、甜瓜病虫害的专业化统防统治和群防群治工作，准确识别各种有害生物，科学运用各种关键防治技术，特以图文并茂的形式编写了本书，供基层农技人员和瓜农进行病虫害防治时参考，同时也可作为全国植保科技工作者、高等院校师生的参考书。

本书共遴选了25种西瓜、甜瓜重要病虫害，其中病害17种、害虫8种。介绍了每种病虫害的症状、识别特征、发生条件以及防治关键技术等。

本书在编写过程中得到各方的大力支持，谨此表示衷心感谢。由于水平有限和经验不足，书中错误和疏漏在所难免，敬请专家和读者批评指正。

编　者

2014年7月

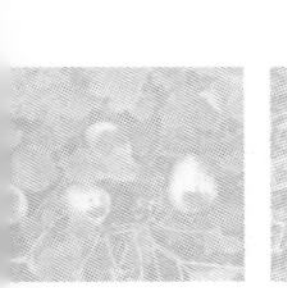

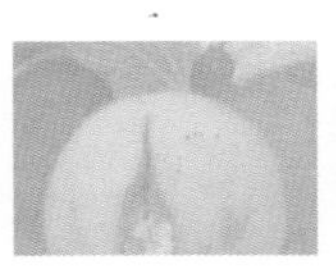

目　录

前言

一、西瓜甜瓜病害 ······ 1

西瓜甜瓜猝倒病 ······ 1
西瓜甜瓜立枯病 ······ 3
西瓜甜瓜霜霉病 ······ 5
西瓜甜瓜白粉病 ······ 8
西瓜叶枯病 ······ 10
西瓜甜瓜蔓枯病 ······ 13
西瓜甜瓜菌核病 ······ 16
西瓜甜瓜疫病 ······ 18
西瓜甜瓜炭疽病 ······ 21
西瓜绵腐病 ······ 23
甜瓜酸腐病 ······ 25
甜瓜根霉果腐病 ······ 27
甜瓜丝核菌果腐病 ······ 29
西瓜甜瓜枯萎病 ······ 31
西瓜甜瓜根腐病 ······ 33
西瓜甜瓜细菌性果斑病 ······ 36
西瓜甜瓜病毒病 ······ 41

二、西瓜甜瓜害虫 ······ 46

烟粉虱 ······ 46

叶螨 …………………………………………………………………… 50
瓜蚜 …………………………………………………………………… 54
蓟马 …………………………………………………………………… 57
斑潜蝇 ………………………………………………………………… 61
瓜绢螟 ………………………………………………………………… 64
黄守瓜 ………………………………………………………………… 67
瓜实蝇 ………………………………………………………………… 70

主要参考文献 ………………………………………………………… 74

一、西瓜甜瓜病害

西瓜甜瓜猝倒病

猝倒病［*Pythium aphanidermatum*（Eds.）Fitzp.］，俗称“小脚瘟”，是西瓜和甜瓜生产中幼苗期常见的重要病害，全国各地均有发生。育苗期间阴雨低温，猝倒病易发生，常造成苗床上瓜苗成片猝倒死亡。老式土法育苗猝倒病发生较普遍，发病率一般为15%～20%，严重的达50%左右。

［症状］幼苗出土前即可受害，造成胚轴或子叶腐烂；幼茎基部受害病部产生水渍状、暗绿色病斑，后很快变为淡褐色或黄褐色，绕茎扩展，病茎干枯缢缩为线状。在子叶尚未凋萎前，幼苗自茎基部突然猝倒，伏于地面（图1）。拔出根部，表皮腐

图1　西瓜猝倒病症状

（郑建秋　提供）

烂，根部褐色。湿度大时，病部及病株附近长出白色棉絮状菌丝。苗床往往先形成发病中心，条件适宜时，迅速蔓延，造成幼苗成片猝倒。

[**发生条件**] 病菌的腐生性很强，可在土壤中长期存活，以含有机质的土壤中存活较多。条件适宜时，在土壤中休眠的病菌侵染寄主。田间的再侵染主要靠病部产生的病菌通过雨水或灌溉水传播，带菌粪肥的使用和农机具的转移也可传播病害。

（1）**苗床管理不当发病重**。播种过密，间苗不及时，灌水过多，苗床过于闷湿或温度变化幅度大，都能诱发病害。苗床保温不好，床土冷湿，发病重；土壤黏重，土温不易升高，发病也重。

（2）**低温潮湿发病重**。苗床长期处于低温高湿的小气候是诱发病害发生的重要因素，而苗床的温湿度与外界气候和苗床管理等有关。

适宜发病的地温为10℃，低温不利于寄主生长，但病菌还能活动，再加上湿度高，有利于病菌侵入，发病则重。如果床土含水量过高，会影响幼苗根系的生长和发育，降低抗病力，发病也重。

（3）**光照弱发病重**。光照足，幼苗光合作用旺盛，生长健壮，抗病力强。若阴雨天多，光照不足，幼苗生长弱，叶色淡绿，抗病力弱，同时光照弱也会影响苗床的温湿度，导致发病重。

[**防治关键技术**] 防治猝倒病应采取以加强苗床管理提高幼苗抗病力为主，药剂防治为辅的综合措施。

（1）**种子处理**。播种前，将甜瓜、西瓜种子用62.5g/L精甲·咯菌腈悬浮种衣剂按药种比1 ：（250 ～ 300）均匀包衣。既可防猝倒病，也可防立枯病、炭疽病。

（2）**苗床选择和苗床土处理**。如果仍沿用老式土法育苗，苗床要建在地势较高、排水方便、向阳（冬季用）的地块。苗床土最好选用河泥或大田土。如用旧园土，有可能带菌，必须进行床土消毒，主要有以下几种方法：①每平方米苗床用70%噁霉灵可湿性粉剂1克兑水2千克喷洒；②将1克70%噁霉灵可湿性粉剂兑细土15 ～ 20克或54.5%噁霉·福可湿性粉剂3.5克兑细土4 ～ 5千克拌匀，施药前先把苗床底水打好，且一次浇透，水渗下后取1/3药土撒在畦面上，播种后再把其余2/3药土覆盖在种子上面。

（3）**提倡采用营养钵或穴盘育苗**。育苗使用的营养基质不仅要求营养搭配合理，还必须进行消毒处理。工厂化生产的营养基质应该进行高温处理。自配基质要在播种前每立方米营养土均匀拌入70%噁霉灵可湿性粉剂35克或54.5%噁霉·福可湿性粉剂10克，能有效预防猝倒病。

（4）**加强苗床管理**。肥料要充分腐熟，播种要均匀，不宜过密，覆土不宜过厚。要做好苗床的保温、通风换气工作，处理好通风与保温的矛盾。出苗后尽量少浇水，洒水应根据土壤湿度和天气而定，每次洒水量不宜过多，尽量在晴天进行，避免苗床内湿度过高。

（5）**药剂防治**。若在苗床上发现少数病苗，在拔除病苗后要及时喷淋药剂进行防治。用药后床土湿度太大，可撒些细干土或草木灰以降低湿度。可喷淋3%噁霉·甲霜水剂600倍液、70%噁霉灵可湿性粉剂3 500倍液、687.5克/升氟吡菌胺·霜霉威盐酸盐悬浮剂600倍液或53%精甲霜·锰锌水分散粒剂500倍液。每平方米用药液3升。

西瓜甜瓜立枯病

立枯病（*Rhizoctonia solani* Kühn）是西瓜和甜瓜生产中重要的苗期病害之一，常发生于育苗的中后期。该病分布广，各地均有发生。发病严重时，常造成幼苗大量枯死。

［症状］刚出土的幼苗及大苗均能受害，通常发生在育苗的中后期。受害幼苗茎基部产生椭圆形暗褐色病斑，逐渐凹陷，边缘明显。发病早期，病苗白天中午萎蔫，夜晚和清晨能恢复。当病斑扩大绕茎一周后，病部收缩干枯，整株死亡。由于病苗大多直立而枯死，故称为“立枯”（图2）。湿度大时病部产生不太明显的蛛丝状霉，后期形成微小的菌核，可区别于猝倒病的白色棉絮状霉。

图2　甜瓜立枯病症状

（郑建秋　提供）

［发生条件］病菌在土壤中或病残体中越冬，腐生性较强，可在土中存活2～3年。在适宜的环境条件下病菌侵入寄主内危害。病菌可通过流水、农具传播，也可随施用的带菌粪肥传播蔓延。

当使用带有病菌且未消毒的旧床土育苗，或施用未腐熟的有机肥，在苗床温度较高和空气不流通，幼苗生长衰弱发黄时，易发生立枯病。种子带菌、苗床土或营养基质有病菌污染是病害发生的重要原因。另外，苗床管理不善、通风不良、阴雨多湿、温度忽高忽低、光照弱、土壤过黏、重茬、播种过密、间苗不及时等也易诱使病害发生。

［防治关键技术］防治立枯病应采取以加强栽培管理、提高幼苗抗病力为主，药剂保护为辅的防治措施。

（1）种子处理。播种前，将甜瓜、西瓜种子用62.5g/L精甲·咯菌腈悬浮种衣剂按药种比1 ：（250～300）均匀包衣。也可用30%苯噻氰乳油1 000倍液浸泡种子6小时后带药催芽或直播。

（2）加强苗床管理。注意提高地温，进行科学放风，旧床土进行消毒处理后再使用。

（3）**药剂防治**。①育苗土处理。每平方米苗床用30%多·福可湿性粉剂10～15克与15～20千克细土混匀或1克70%噁霉灵可湿性粉剂与细土10～15千克混匀，将1/3药土施在苗床内，余下2/3播种后盖种。②苗期喷洒植保素7 500～9 000倍液或0.1%～0.2%磷酸二氢钾，可增强幼苗抗病力。③发病初期喷淋20%甲基立枯磷乳油1 200倍液或70%噁霉灵可湿性粉剂3 000倍液、5%井冈霉素水剂1 500倍液、54.5%噁霉·福可湿性粉剂1 000倍液，每平方米施药液2～3升。视病情隔7～10天喷1次，连续防治2次。也可将穴盘苗浸在药液中片刻后提出，沥去多余药液后再定植。

（4）**生物防治**。利用有益微生物或其代谢产物对立枯病进行防治。应用于立枯丝核菌的生防因子有很多，其中包括康宁木霉（*Trichoderma koningii*）、具钩木霉（*Trichoderma hamatum*）、盾壳霉（*Coniothyrium sporulosum*）、粉红单端孢（*Trichothecium roseum*）、荧光假单胞菌（*Pseudomonas auorescens*）等。

西瓜甜瓜霜霉病

霜霉病是由古巴假霜霉菌（*Pseudoperonospora cubensis*）引起的一种流行性很强的病害，是我国露地、拱棚和温室栽培西瓜、甜瓜上的重要病害之一。除危害西瓜、甜瓜外，该病还危害黄瓜、丝瓜、南瓜、冬瓜、苦瓜、节瓜、瓠瓜、西葫芦等瓜类作物。甜瓜霜霉病在新疆、甘肃、内蒙古、海南、黑龙江、辽宁、山东、安徽、福建、云南等地发生普遍，危害严重，如2002年和2010年在新疆喀什地区甜瓜霜霉病发生流行，造成甜瓜减产50%以上。

［症状］霜霉病主要危害西瓜和甜瓜叶片，尤在生长中后期发病严重。叶片发病初期形成不规则的褐色病斑，病斑背面可见灰黑色的霉层（图3）；后期形成受叶脉限制的角状褐色病斑（图4左）；条件适宜时，常与白粉病复合侵染危害（图4右）。田间发病严重时，叶片干枯，甚至导致植株死亡（图5）。

图3　甜瓜霜霉病早期症状

图4　甜瓜霜霉病后期症状（左）及与白粉病复合症状（右）

图5 甜瓜霜霉病田间症状
A. 露地栽培 B. 立架栽培

［发生条件］霜霉病是一种气传性病害，病菌主要在生长的瓜类作物上越冬。翌年病菌孢子囊借气流、雨水等传播，成为初侵染源，从作物气孔侵入，条件适宜时4 ~ 5天后发病。初侵染发病后，病斑上产生的孢子囊可通过雨水、气流或农事操作传播，引起再侵染危害。霜霉病的发生、危害程度与温度、湿度等气象因素关系密切。病菌侵染对湿度要求较高，叶片表面有水滴或水膜时有利于病菌侵入危害；对温度范围较宽，15 ~ 24℃均适宜发病。生产上浇水过量、浇水后遇中到大雨、地下水位高或株叶密集易诱发病害。

［防治关键技术］

（1）生态防病。避免与瓜类作物邻作或连作，种植西瓜、甜瓜的田块应远离黄瓜温室或大棚，特别是越冬黄瓜温室；大棚栽培与露地栽培、早熟品种与晚熟品种应分开，避免混种。

（2）**加强栽培管理**。播种密度适宜，避免密植；田块地势平整，沟渠畅通，严禁漫水灌溉，中后期逐步减少浇水量；合理施肥，避免过度施肥引起营养生长过旺、瓜秧密闭；合理整枝，保持瓜地通风透光。立架栽培可以降低田间湿度，是防治霜霉病的一个有效措施。

（3）**药剂防治**。条件适宜时霜霉病发病和流行极快，喷药防治必须及时、周到和均匀。一般情况下，在一块瓜地上发现霜霉病病叶，并且当时存在降雨条件或田间湿度较大的，就应开始喷药防治。可选用25%甲霜灵可湿性粉剂500倍液、72%霜脲·锰锌可湿性粉剂600倍液、69%烯酰吗啉·锰锌可湿性粉剂600倍液或60%锰锌·氟吗啉可湿性粉剂600倍液等进行喷雾。每亩*均匀喷施60千克药液，根据病情，每隔5～7天喷药1次，连续3～4次。喷药后4小时内遇雨须重新喷药。

西瓜甜瓜白粉病

白粉病，俗称“白毛病”，由白粉菌属二孢白粉菌（*Erysiphe cichoracearum*）、单囊壳属单囊壳白粉菌（*Sphaerotheca fuliginea*）等多种白粉病菌引起，是世界上一种分布非常广泛、危害严重的病害。在我国各主产区的露地、温室和大棚西瓜、甜瓜上普遍发生，多发生在果实膨大期和成熟期。南方秋西瓜发病较重，北方露地西瓜夏季发病重，保护地西瓜全年都可发病。

［**症状**］白粉病主要危害叶片，其次是叶柄和茎。发病初期叶面产生白色近圆形星状小粉点（图6左）。当环境条件适宜时，粉斑迅速扩大，连接成片，密布白色粉末状霉层；严重时整个叶面布满白粉（图6右）。发病后期，白色粉层变为灰色，叶片也逐渐褪色；严重时病叶枯黄、卷缩，有时与霜霉病混合发生，叶片枯死，植株死亡。田间白粉病症状如图7所示。

---

* 亩为非法定计量单位，15亩=1公顷。——编者注

图6　甜瓜白粉病叶片症状

图7　甜瓜白粉病田间症状
A.露地栽培　B.立架栽培

［发生条件］白粉病由专性寄生的白粉病菌引起，南方地区病菌在西瓜或其他瓜类作物上越冬，北方地区病菌在病残体上或保护地栽培的瓜类作物上越冬。病菌借气流、雨水传播。白粉病的发生和流行与温湿度和栽培管理有密切关系。较高湿度条件下有利于病菌侵染危害，但降雨过多或相对湿度大，反而抑制发病；

高温干燥有利于发病，尤其当高温干旱与高湿条件交替出现时，发病加重。栽培管理上若种植过密致田间通风透光不良，氮肥过多使植株徒长，土壤缺水而灌溉不及时，则病势发展快，病情重。灌水过多，地块排水不良，或靠近温室大棚等保护地的西瓜田，发病也重。

[防治关键技术]

(1) **选用抗病、耐病品种。**一些西瓜和甜瓜品种对白粉病有一定的抗性，在条件许可的情况下尽量选用抗病品种。

(2) **轮作。**与禾本科作物实行3 ～ 5年轮作，有一定的控病效果。

(3) **加强田间管理。**合理密植，及时整枝理蔓，摘除基部过密与衰老的叶片，做到通风透光、排水良好；不偏施氮肥，增施磷肥、钾肥，生长期避免施氮肥过多，促进植株健壮生长，提高抗病力；注意田园清洁，及时摘除病叶，减少病害重复传播的机会；西瓜收获后，彻底清除病株残体，集中烧毁或深埋。

(4) **药剂防治。**重点做好发病初期的施药工作，施药后如病情继续发展，则连续用药，以达到有效控制白粉病蔓延的目的。发病初期，可选用25%乙嘧酚悬浮剂800 ～ 1 000倍液，或4%四氟醚唑（朵麦可）水乳剂1 200倍液，或50%醚菌酯（翠贝）干悬浮剂3 000倍液，或40%氟硅唑（福星）乳油6 000 ～ 8 000倍液喷雾。每5 ～ 7天喷1次，连喷3 ～ 4次，注意农药交替使用。保护地栽培时还可以烟熏处理，每亩用45%多菌灵·三唑酮（百菌灵）烟熏剂250克进行熏蒸。傍晚开始，熏蒸一夜，第二天清晨开棚通风。在西瓜花期慎用三唑酮类药剂。

西瓜叶枯病

叶枯病由瓜链格孢菌（*Alternaria cucumerina*）引起，在全国许多地区都有发生。近十几年来，随着西瓜栽培面积的逐年扩大、品种的增多及更替和栽培模式的变化，病害发生有逐年加重趋势。在西瓜生长中后期，尤其是多雨季节或暴雨后，往往发病急且发展快，使瓜叶迅速变黑焦枯，失去光合作用能力，严重影响西瓜的品质和产量。该病还可危害甜瓜、黄瓜、南瓜、西葫芦、冬瓜、丝瓜、菜瓜等葫芦科多种植物。

［症状］西瓜叶枯病属于以气流和雨水传播为主、再侵染频繁的病害，主要危害叶片和茎蔓。叶片发病，初期产生褪绿的褐色斑点（图8）；继而扩展形成褐色至暗褐色、直径1厘米左右的圆斑，斑面上具有明显的同心轮纹（图9），此为诊断该病的重要特征。茎蔓感病，病斑深褐色、椭圆形或梭形，略凹陷（图10）。发病后期，叶片上病斑连片，叶片卷缩、干枯（图11）。湿度大时，叶片病斑背面及茎蔓病部均可产生黑灰色霉状物。

图8　叶片发病初期症状

图9　病斑表面明显的同心轮纹

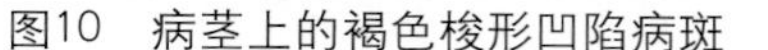

图10　病茎上的褐色梭形凹陷病斑

图11　叶枯病后期症状

［发生条件］西瓜叶枯病菌主要随病残体在土壤中越冬，翌年借助气流、雨水、灌溉水及农事操作传播危害。病菌从寄主叶片、茎蔓处的伤口或直接穿透组织侵入，继而扩展蔓延。

病菌生长发育的适宜温度为25～30℃。在7～8月的高温雨季，病害易于发生和流行。夏季暴雨过后或田间整枝压蔓等造成枝蔓、叶片的伤口，均易导致病害大面积流行蔓延。

［防治关键技术］

（1）选用抗病品种。因地制宜选种当地适合的抗病品种。

（2）农业防治。①实行轮作。集中种植，分区轮作，与旱粮作物轮作3年以上；水旱轮作效果更佳。②清洁田园。收获后彻底清除田间和附近的病株残体，减少病原；生长期间发现病株、病叶后及时摘除，集中烧毁。③加强栽培管理。高垄栽培；合理施肥，施用腐熟农家肥，增加磷肥、钾肥，促使植株健壮生长，提高抗病能力；合理灌水，控制病菌传播。

（3）药剂防治。注重发病初期及时用药，可选用50%多菌灵可湿性粉剂800倍液、50%代森锌500倍液、75%百菌清可湿性粉剂800倍液、70%甲基硫菌灵可湿性粉剂800倍液、50%异菌脲可湿性粉剂1 000倍液、10%苯醚甲环唑可湿性粉剂800倍液、40%腈菌唑可湿性粉剂800倍液或25%烯肟菌酯乳油5 000倍液。间隔7天喷施1次，一般施用3次左右。

西瓜甜瓜蔓枯病

蔓枯病由小双胞腔菌（*Didymella bryoniae*）引起，在西瓜和甜瓜的整个生育期均可发病，以保护地栽培的西瓜和甜瓜受害最重，

图12　西瓜蔓枯病症状
A. 叶片　B. 茎蔓　C. 田间

发病株率为20%～30%，连作大棚病株率达80%以上。近年来，蔓枯病发生危害逐年加重，一些老产区和专业种植地块更为严重。若防治不力，植株死亡率高达30%～40%，导致严重减产甚至失收，品质也受到极大影响，成为瓜类生产发展的一大障碍。

［症状］蔓枯病主要危害叶片和茎蔓。叶片染病，多从叶缘发病，病斑呈V形或椭圆形，干燥时干枯，呈星状破裂，叶片变黑，如图12A、图13A所示。茎蔓染病，初为油渍状小病斑，扩大后病斑缠绕茎蔓，后期变成黄褐色，病茎干缩，如图12B、图13B所示。发病严重时叶片枯死，甚至植株死亡，如图12C、图13C所示。

图13　甜瓜蔓枯病症状

A. 叶片　B. 茎蔓　C. 田间

［发生条件］蔓枯病是一种土传真菌性病害，病菌随病残体在土壤中或附着在种子表面及温室、大棚内越冬。翌年病菌借风雨、灌溉水传播，成为初侵染源，从气孔、水孔或因整枝、摘心等造成的伤口侵入，7～10天后发病。初侵染发病后，病菌可通过雨水、气流或农事操作传播，引起再侵染。蔓枯病的发生危害程度与温度、湿度和栽培管理技术关系密切。高温高湿有利于蔓枯病发生。大棚栽培中，一年四季均可发病，一般5天内平均温度高于14℃，棚内相对湿度高于65%，病害即可发生；相对湿度85%以上，平均温度22℃时病害流行快。露地栽培中，雨日多、降水量大，发病较重。

［防治关键技术］

（1）**选用抗病、耐病品种和种子消毒。**选用抗病或耐病的品种可以有效控制蔓枯病的发生，如白玉、伊丽莎白、西域1号、西域3号等甜瓜品种或西农8号、新红宝、京欣等西瓜品种。种子消毒可用55℃温水浸种20分钟，或用50%福美双可湿性粉剂或50%多·福可湿性粉剂，以种子重量的0.3%拌种。

（2）**轮作。**与瓜类轮作的作物有十字花科、豆科、茄科等多种蔬菜，一般需轮作3～5年，或与小麦、玉米等大田作物轮作2～3年。最好实行水旱轮作，瓜类收获后种植水稻或水生蔬菜，可明显减轻病原基数。轮作时间越长，控病效果越好。

（3）**土壤和大棚消毒。**定植前喷洒30%多菌灵可湿性粉剂500倍液或用40%敌磺酸钠粉剂2千克/亩，均匀喷施；保护地栽培中，定植前10～15天，用45%百菌清烟剂熏蒸，可消灭棚室内大部分病菌。

（4）**加强田间管理。**深沟高畦，防渍防涝；保护地栽培时要加强通风透光；科学浇水，做到小水勤浇，膜下浇水，切忌大水浇灌、漫灌；施用腐熟粪肥，增施磷、钾肥和微肥；晴天整枝，及时整枝、打杈、绑蔓，规范农事操作，避免伤口感染；及时清除杂草，摘除病叶、病果，拔除病株，收获后彻底清理田园，集中深埋或焚烧病株残体，减少菌源。

（5）**药剂防治。**伸蔓期喷药保护，发病初期及时防治中心病株，控制病害扩散和蔓延。大棚栽培，冬春季宜于定植后20 ～ 30天开始施药，每隔10天施药1次，连施3 ～ 4次；夏秋季温度高、湿度大，发病早且重，宜于定植后10 ～ 20天开始施药，每7天施药1次，连施3 ～ 4次。露地栽培应于发病初期施药，每10天施药1次，连施2 ～ 3次。药剂可选用80%代森锰锌可湿性粉剂600倍液、70%丙森锌可湿性粉剂500倍液、70%代森联干悬浮剂600倍液、75%代森锰锌水分散粒剂600 ～ 800倍液、50%多菌灵可湿性粉剂600倍液、75%百菌清可湿性粉剂600倍液或50%多·硫胶悬剂500倍液等，喷雾防治，重点喷施植株中下部茎叶和地面。

西瓜甜瓜菌核病

近年来，随着西瓜种植面积的扩大，种植年限的增加，重茬地块逐渐增多，菌源逐年积累，西瓜菌核病的发生危害渐呈常发和重发态势。菌核病在棚室栽培和露地栽培中均有发生，尤以塑料大棚和温室发生较为严重，已成为棚室西瓜生产上的重要病害。西瓜受害后，轻者减产2 ～ 3成，重者甚至造成毁棚绝收，严重影响产量和经济效益，成为影响西瓜生产发展的重要障碍。甜瓜上在老菜区部分地区有分布，主要在保护地发生，一般零星发病，对甜瓜生产无明显影响，个别棚室发病较重，造成死秧和烂瓜，影响产量。西瓜菌核病的致病菌为核盘菌（*Sclerotinia sclerotiorum*）。

［症状］西瓜菌核病属于土壤带菌而局部侵染为主，且具再侵染的病害。以设施栽培的西瓜受害严重，靠近地面的组织器官易先受侵染。病害从苗期至成株期均可发生，主要危害叶片和茎蔓，也可侵染果实，常引起组织腐烂。叶片受害，初产生水渍状褐色斑点，逐渐扩大形成褐色的不规则形病斑（图14），湿度大时可致叶片腐烂。茎蔓感病，病斑为青褐色长圆形斑块，易湿腐，受害部位以上组织常常枯死，病部表面密生白絮状霉（图15），后期产生鼠粪状黑色菌核（图16），此为诊断该病的重要依据。严重时病部以上的茎蔓常失水干枯死亡（图17）。

图14　染病西瓜叶片上的褐色不规则病斑

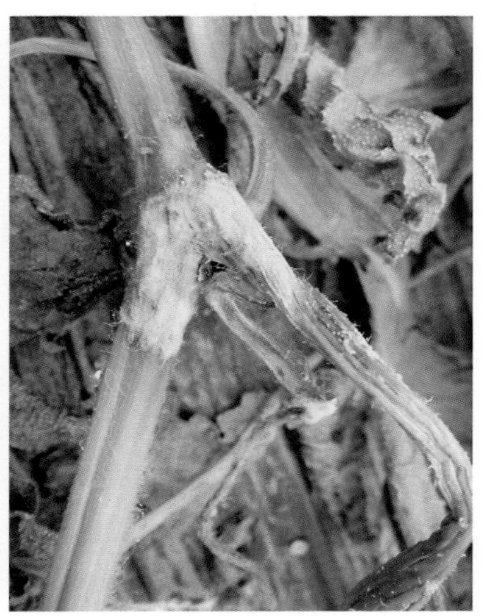

图15　西瓜病茎表面密生白絮状霉

图16　后期西瓜病茎产生黑色菌核

图17　后期西瓜受害植株枯萎死亡

[发生条件] 病菌主要以菌核随病残体或落入土壤中越冬。翌年春季条件适宜时，菌核萌发产生子囊盘，释放子囊孢子，借助

气流、雨水和灌溉水以及农事操作传播。病菌从寄主靠近土表的叶片、茎蔓处的伤口或直接穿透组织侵入，继而蔓延危害。

病菌生长发育的适宜温度为20 ～ 25℃。温暖高湿的气候条件有利于病菌的繁殖和侵染。在5 ～ 7月，北方冷棚西瓜，遇阴雨多湿的气候条件，病害易于发生和流行。连年种植瓜类、茄果类、十字花科作物的地块，以及排水不良的低洼地、偏施氮肥的地块发病重。地势低洼，土质黏重，排水不良，植株过密，通风透光不良，偏施氮肥，田间整枝压蔓、农事操作等造成枝蔓、叶片的伤口等，均易导致病害大面积发生流行。

[防治关键技术]

（1）选用抗病品种。因地制宜选种当地适合的抗病品种。

（2）实行轮作。与旱粮作物轮作5年左右，水旱轮作效果更佳。

（3）加强栽培管理。高垄栽培，施用腐熟农家肥，增加磷、钾肥，促使植株健壮生长，提高抗病能力；注意田间排水，控制病菌传播；铺盖地膜，或设法减少病菌和植株组织接触，控制土壤中病原菌的传染机会；生长期间发现病株、病叶后及时摘除，集中烧毁；收获后彻底清除田间和附近的病株残体，减少病源。

（4）药剂防治。注重在发病初期及时喷药防治，可选用70%甲基硫菌灵可湿性粉剂800倍液、75%百菌清可湿性粉剂800倍液、50%腐霉利可湿性粉剂1 000倍液、50%异菌脲可湿性粉剂1 000倍液、50%乙烯菌核利可湿性粉剂1 000倍液、40%嘧霉胺可湿性粉剂1 000倍液或40%菌核净可湿性粉剂800倍液。间隔5 ～ 7天喷施1次，连续喷药2 ～ 3次。

西瓜甜瓜疫病

西瓜甜瓜疫病（*Phytophthora melonis* Katsura）是一种高温高湿型的土传病害，俗称“死秧”，全国各地均有发生，南方发病重于北方，在西瓜和甜瓜生长期的多雨年份，发病尤重。保护地栽培中，染病后期瓜秧成片死亡，给西瓜和甜瓜生产带来严重的威胁。

[症状] 叶片、茎蔓和果实均可以受害。发病初期叶片出现圆

形水渍状暗绿色斑，遇下雨或潮湿天气，病斑扩展快，呈水烫状腐烂（图18）。茎蔓发病后凹陷缢缩，呈水渍状腐烂（图19、图20）。果实接触地面处易发病，初生暗绿色水渍状圆形斑，后期病部凹陷并迅速扩展为暗褐色大斑，湿度大时长出白色短绵毛状霉，干燥条件下产生白霜状霉，病果散发腥臭味（图21）。

图18　甜瓜叶片发病症状

图19　甜瓜蔓发病症状

图20　甜瓜主蔓发病症状

图21　西瓜果实发病症状

［发生条件］该病发生与流行取决于是否下雨和空气湿度。病菌在土壤中存活，菌丝体和卵孢子随病残体遗留在土中越冬，翌年通过灌溉水和雨水传播，遇高温高湿条件2 ～ 3天出现病斑，其上产生大量孢子囊，借风雨或灌溉水传播蔓延，进行多次重复侵染。病原菌生长发育适温为28 ～ 32℃，气温高的年份病害发生重。一般进入雨季开始发病，遇有大暴雨病害迅速扩展蔓延或造成流行。生产上与瓜类作物连作，采用平畦栽培易发病，长期大水漫灌，浇水次数多，水量大，则发病重。

［防治关键技术］

（1）选用良种。品种间存在抗性差异，一般无籽西瓜比普通西瓜抗性强。大棚栽培西瓜尽量选中早熟品种，如郑杂5号等。

（2）加强栽培管理。与非瓜类作物实行3年轮作制，可减轻发病；增施有机肥料，改善土壤结构，有利于西瓜根系生长发育，提高植株抗病能力；在光照最充分、气温较高的夏季进行高温闷棚，田块起垄，覆盖塑料薄膜，使地温升高到50℃以上，利用高温杀死病菌；采用耕作深翻及高垄栽培，地下水位高的地区或雨水较多的地区，栽培上通过起高垄可以有效减轻该病害的发生；立架栽培比爬蔓栽培发病轻很多；采用沟灌或膜下滴灌，及时放风排湿，避免灌溉水漫灌。

（3）药剂防治。疫病潜育期短，蔓延迅速，所以在发病前要喷药保护，特别是每次大雨后应喷药保护1次，以后每隔5 ～ 7天喷药1次。在发病初期喷药重点在叶、茎和果实等部位，还要喷布地面或结合灌根。可用72%霜脲·锰锌可湿性粉剂800倍液或69%烯酰·锰锌可湿性粉剂800 ～ 1 000倍液进行喷雾防治。另外，烯酰吗啉、氰霜唑、氟菌·霜霉威也具有很好的防治效果。

西瓜甜瓜炭疽病

炭疽病［*Colletotrichum lagenarium*（Pass.）Ell. et Halst.］是西瓜甜瓜生产中常见的病害，发病严重时造成叶片枯死，茎蔓腐烂、折断，果实失去商品价值。

[症状] 幼苗发病，子叶边缘出现半椭圆形淡褐色病斑，上产生橙黄色胶状小点。成株叶片发病，病斑近圆形，直径4 ～ 18毫米，褐色，有时有轮纹（图22、图23），茎蔓和叶柄上病斑椭圆形，黄褐色，稍凹陷，严重时病斑连片，包围主茎使植株枯死（图24）。果实染病，病斑近圆形，初期为淡绿色，后发展为褐色，病部稍凹陷，表面有粉红色黏稠物，后期常开裂（图25）。

图22 甜瓜炭疽病叶片症状

图23 西瓜炭疽病叶片症状

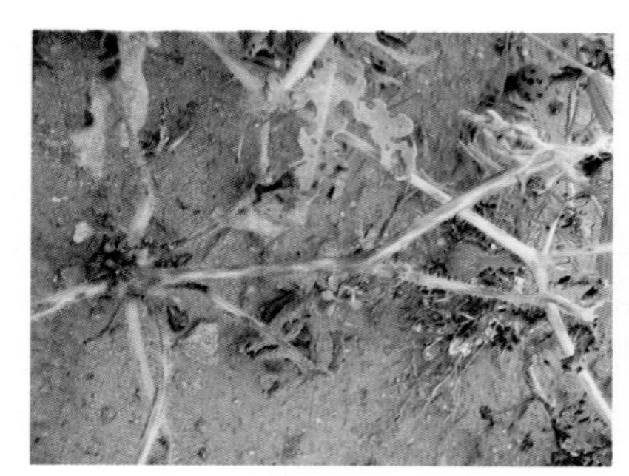
图24 西瓜炭疽病蔓部症状

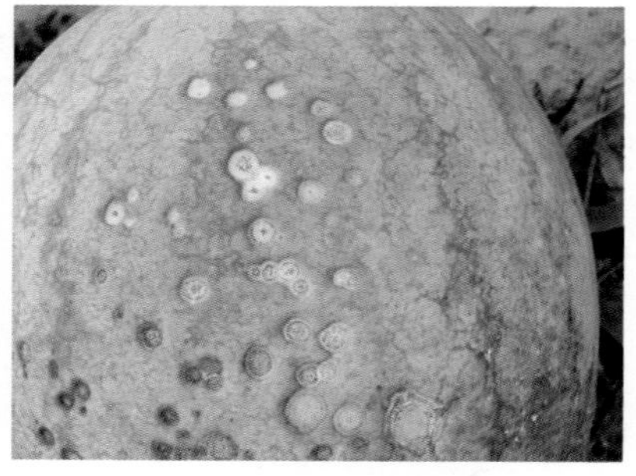
图25 西瓜炭疽病果实症状

[发生条件] 炭疽病是真菌病害，病菌可附着在种子上或随病残体在土壤中越冬，也可在保护地棚架的旧木料上存活，成为第二年的初侵染菌源。病菌通过雨水传播扩展蔓延，发病温度10 ～ 30℃，最适温度24℃。湿度是影响发病的主导因素，在适宜温度范围内，湿度越大发病越重，相对湿度低于54%则不能发病。连作、氮肥过多、大水漫灌、通风不良、植株衰弱则发病重。

[防治关键技术]

(1) 选用抗病品种。西瓜抗病品种有齐欣1号，京欣1号、5号、6号，特抗9号，天宝1号，抗病苏蜜，西农8号、10号，新澄1号，新克等；甜瓜抗病品种有伊丽莎白、状元、西薄洛托、黄皮京欣1号、台农2号、金凤凰蜜瓜等。因地制宜选种当地适合的抗病品种。

(2) 选用无病种子和种子处理。生产用种经50 ～ 51℃温水浸种20分钟，或每50千克种子用10%咯菌腈（适乐时）悬浮剂50毫升加0.25 ～ 0.5千克水稀释药液后均匀拌种，晾干后催芽或播种。

(3) 农业防治。与非瓜类作物实行3年以上轮作；苗床土进行消毒处理；增施磷、钾肥，提高植株抗病能力；合理灌溉；加强棚室温湿度管理，合理通风，降低湿度；田间操作应在露水落干后进行，减少人为传播蔓延。

(4) 药剂防治。在发病初期，喷洒25%咪鲜胺乳油1 000倍液、1%多抗霉素水剂300倍液、70%丙森锌可湿性粉剂600倍液、30%苯噻氰乳油1 000倍液、50%醚菌酯干悬浮剂3 000倍液、70%代森联干悬浮剂600倍液或2.5%咯菌腈悬浮剂1 000倍液。隔7 ～ 10天喷药1次，连续防治2 ～ 3次。

西瓜绵腐病

绵腐病是瓜类采收成熟期的常见病害，全国各地均有广泛分布，瓜类生长中后期发生普遍而严重。西瓜绵腐病（*Pythium aphanidermatum*）是西瓜生产上的常见病，主要在露地栽培中发生，多雨季节发病重。黄瓜、节瓜、冬瓜等发生较多，葫芦、南瓜和甜瓜等葫芦科作物上亦有发生危害。

[症状] 西瓜绵腐病属于以雨水和灌溉水传播为主、再侵染频繁的病害，主要危害叶片、茎蔓和果实。叶片染病，初生水渍状、暗绿色、圆形或不规则形块状斑点，迅速扩展，变为青褐色，干燥后易破碎（图26）。茎蔓受害，枝杈部位易受侵染，产生水渍状暗绿色长条形病斑，病斑常凹陷，很快围绕茎蔓一周，易腐烂，

导致患部以上茎蔓枯死（图27）。果实染病，靠近土表部分易受侵染；初为暗绿色水渍状圆形凹陷斑，后扩展迅速，腐烂，重者使全果腐烂（图28）；病部表面密生白色、棉絮状霉（图29），此症状为诊断该病的重要依据。

图26 染病叶片生水渍状块状斑点

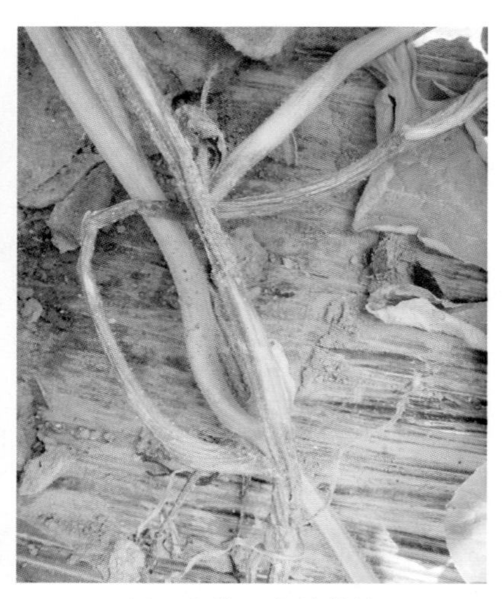

图27 病茎呈水渍状枯死

图28 病果初期生水渍状青褐色腐烂

图29 病果后期密生白絮状霉

[发生条件] 病原菌主要以菌丝或卵孢子随病残体在土壤中或粪肥里越冬，并在土中长期存活，翌年借助气流、雨水或灌溉水及农事操作传播，早期侵染瓜苗可引起猝倒。病菌从寄主叶片、茎蔓处或果面上的伤口或直接穿透组织侵入，扩展蔓延，很快导致组织腐烂。

病菌生长发育的适宜温度为25℃左右，高温高湿的气候条件利于病菌的繁殖和侵染。在7～8月，连续阴雨时，病害易于发生和流行。栽植过密，茎叶茂密或通风不良时发病严重。多雨潮湿及积水低洼地块发病重，病害易于流行。结果期，在阴雨连绵以及田间积水的情况下，果实易于染病。

[防治关键技术]

（1）**选用抗病品种**。因地制宜选种当地适合的抗病品种。

（2）**实行轮作**。与旱粮作物轮作5年左右；水旱轮作效果更佳。

（3）**农业防治**。收获后彻底清除田间和附近的病株残体，减少病原；生长期间发现病株、病叶后及时摘除，集中烧毁；铺盖地膜，减少土壤中病原菌随水滴传染机会；高垄栽培；合理施肥，施用腐熟农家肥，增加磷肥、钾肥，促使植株健壮生长，提高抗病能力；注意加强田间排水，控制病菌传播。

（4）**药剂防治**。发病初期及时用药，可选用70%代森锰锌700～800倍液、25%甲霜灵可湿性粉剂1 000倍液、58%霜脲·锰锌可湿性粉剂800～1 000倍液、58%烯酰·锰锌可湿性粉剂1 000倍液、72%霜霉威可湿性粉剂1 000倍液或25%烯肟菌酯乳油5 000倍液。间隔7天喷施1次。设施栽培用药后结合放风、降低湿度，防效更佳。

甜 瓜 酸 腐 病

甜瓜酸腐病（*Oospora* sp.）发生较广，常在露地种植时零星发生，一般在果实近成熟时发生危害。通常发病很轻，个别年份在甜瓜生长后期高温多雨时易于发生，严重时在一定程度上影响甜瓜生产。

[症状] 甜瓜酸腐病主要危害果实，通常发生在半成熟至成熟瓜上。发病初期，产生水渍状褐色斑点（图30），很快扩展成直径1～3厘米的褐色圆斑，病斑腐烂较快，常形成软腐凹陷。由于果实本身含水量较大，斑面上很快生出致密的、白色至肉粉色霉状物（图31）。酸腐果实常散发出酸臭气味。

图30　染病果实产生水渍状褐色软腐

图31　病果后期腐烂密生绒毛状霉层

[发生条件] 病原菌主要以菌丝体随病残体在土壤中越冬，翌年借助气流、雨水、灌溉水或农事操作传播。7～8月气候条件适宜时，病菌多从寄主果实的伤口或直接穿透组织侵入，快速扩展蔓延，造成果实腐烂。

病菌生长发育适宜温度25～30℃，高温高湿的气候条件利于病菌的繁殖和侵染。在7～8月结瓜期的高温雨季，病害易于发生和流行。植株中下部瓜或瓜与地面接触处，夏季暴雨过后、虫害或其他伤害及田间管理等造成的伤口，均易被病菌侵染而导致发病。

[防治关键技术]

（1）选用抗病品种。因地制宜选种当地适合的抗病品种。

（2）合理轮作。集中种植，分区轮作，与旱粮作物轮作3年以上；水旱轮作效果更佳。

（3）**加强栽培管理**。收获后彻底清除田间病残体，集中销毁，减少病原；结瓜后期发现病果及时摘除处理；高垄栽培；施足腐熟农家肥，合理施肥，增加磷肥、钾肥，促使植株健壮生长，提高抗病能力；加强中后期管理，减少生理裂口和机械伤口；避免大水漫灌，及时排除田间积水，控制病菌传播。

（4）**药剂防治**。在发病初期及时用药，必要时喷浇植株及邻近土壤。可选用50%多菌灵可湿性粉剂800倍液、50%代森锌可湿性粉剂500倍液、75%百菌清可湿性粉剂800倍液、70%甲基硫菌灵可湿性粉剂800倍液、50%异菌脲可湿性粉剂1 000倍液、30%噁霉灵水剂800倍液、10%混合氨基酸铜水剂1 500倍液、40%多·硫悬浮剂400倍液、40%腈菌唑可湿性粉剂800倍液或25%烯肟菌酯乳油5 000倍液。

甜瓜根霉果腐病

根霉果腐病（*Rhizopus nigricans*）是甜瓜生产中的普通病害，分布较广，保护地、露地偶尔发生。该病一般年份发病危害较轻。除生长期危害成熟果实外，采后储运期也可发病，造成烂瓜，影响果实储藏品质。

［症状］甜瓜根霉果腐病属于以土壤带菌、局部侵染为主，且具再侵染的病害。以设施栽培的甜瓜受害严重。果腐病主要危害果实，多侵染成熟或带伤的近成熟瓜，靠近地面的瓜更易受害。病果初期病斑不明显，产生褐色水渍状斑点，病斑很快扩展，导致大面积组织软腐（图32）。病部生出致密的棉絮状白色霉层，霉层中间杂带有黑色的颗点状物，即病菌的孢子囊（图33），最后病瓜腐烂。

［发生条件］甜瓜根霉果腐病属于真菌性病害。病菌弱寄生，腐生性强，广泛分布于田间，主要以菌丝体随病残体或在土壤中越冬。翌年春季条件适宜时，菌丝发育产生孢子囊，释放孢囊孢子，借助气流、雨水和灌溉水、害虫、伤口以及农事操作传播，从伤口侵染生活力衰弱的花和果，蔓延危害。

图32　初期病果产生水渍状褐色腐烂

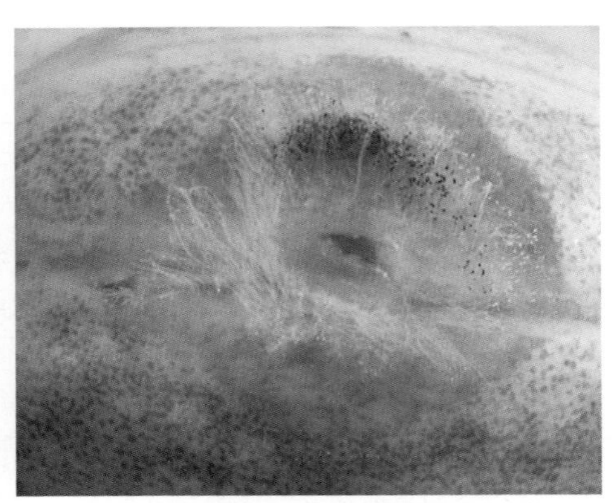

图33　后期病果密生白絮状霉

病菌生长发育的适宜温度为23 ～ 28℃，高温高湿条件利于病菌的繁殖和侵染。在7 ～ 8月，甜瓜采收期多雨，地势低洼，田间易积水，保护地内空气湿度高，病害发生较重。棚室栽培遇有高温高湿或低温高湿、日照不足、雨后积水、伤口多，均易于发病。若肥水管理不当，使果实出现生理裂口多而不均匀，则病害发生相对严重。

[防治关键技术]

（1）**选用抗病品种**。因地制宜选种当地适合的抗病品种。

（2）**实行轮作**。与旱粮作物轮作3年左右。

（3）**农业防治**。收获后彻底清除田间的病株残体，减少病原；生长期间发现病果及时摘除，集中烧毁；加强栽培管理，高垄栽培；注意雨后及时排水，严禁大水漫灌；坐果后及时摘除残花病瓜，控制病菌传播；适时采收瓜果，防止过度成熟开裂，减少发病；铺盖地膜，减少病菌和植株组织接触，控制土壤中病菌传染。

（4）**药剂防治**。开花至幼果期即开始喷药。可选用70%代森锰锌可湿性粉剂700 ～ 800倍液、75%百菌清可湿性粉剂800倍液、70%甲基硫菌灵可湿性粉剂800倍液、50%苯菌灵可湿性粉剂1 500倍液、64%噁霜·锰锌可湿性粉剂 400 ～ 500倍液、50%异菌脲可湿性粉剂1 000倍液或25%烯肟菌酯乳油5 000倍液。间隔

7 ~ 10天喷施1次，连续喷药2 ~ 3次。

甜瓜丝核菌果腐病

甜瓜丝核菌果腐病在国外的意大利曾有过报道；在国内山东和内蒙古曾有过报道。近年来，该病在辽宁甜瓜生产上，尤其在春茬冷棚中甜瓜近收获期发生较为普遍，是辽宁省甜瓜生产上的新病害。目前该病发生并不普遍，但在个别年份和严重发生的地块，也会造成一定损失。甜瓜丝核菌果腐病的病原菌为茄丝核菌(*Rhizoctonia solani*)。

[症状] 甜瓜丝核菌果腐病属于以雨水和灌溉水传播为主、具有再侵染的病害。苗期染病可引起立枯病，成株期主要危害近成熟果实。果实染病，在果实靠近土表处部位易受侵染，初产生褪绿的褐色、水渍状、不规则形凹陷斑，病斑迅速扩展，致腐烂，重者甚至全果腐烂，如图34和图35所示。湿度大时病部表面密生白色至淡褐色絮状菌丝，即病原菌的菌丝体（图36）。此症状为诊断该病的重要依据。

图34　田间甜瓜受害症状

图35　田间病果上的水渍状褐色腐烂

图36　后期病果上密生白絮状菌丝

[发生条件] 病原菌主要以菌丝体和菌核随病残体在土壤中或粪肥里越冬，并在土中长期存活。主要以土壤、雨水或灌溉水及农事操作传播。早期病菌侵染瓜苗可引起立枯病。结果期病菌从寄主果面上的伤口或直接穿透组织侵入，扩展蔓延，很快导致组织腐烂。

病菌生长发育的适宜温度为25℃左右，高温高湿的气候条件利于病菌繁殖和侵染。7～8月果实近成熟期，果实与土壤接触，遇有浇水或降雨，即可引起发病，尤其久旱突然遇雨后，病害易发生和流行。栽植过密，茎叶茂密或通风不良，多雨潮湿及积水低洼地块发病严重。阴雨天或清晨露水未干时整枝，或虫伤多时，病菌易于侵入。

[防治关键技术]

（1）选用抗病品种。因地制宜选种当地适合的抗病品种。

（2）合理轮作。与旱粮作物轮作5年左右；水旱轮作效果更佳。

（3）农业防治。生长期间和收获后彻底清除病残果，减少病原；铺膜栽培，减少植株伤口，减少病原菌传播侵染机会；适时早播；高垄栽培；施用腐熟农家肥，增施磷肥、钾肥，促使植株健壮生长，提高抗病能力；加强田间排水，控制病菌传播。

（4）药剂防治。移栽时喷施1次杀菌剂，效果较好。成株期注意在发病初期及时用药。可选用4%嘧啶核苷类抗菌素水剂100 ～ 150倍液、1%武夷菌素水剂100 ～ 150倍液、20%三唑酮乳油2 000倍液、70%代森锰锌可湿性粉剂700 ～ 800倍液、50%异菌脲可湿性粉剂1 000倍液、40%菌核净可湿性粉剂800倍液、40%氟硅唑乳油8 000 ～ 10 000倍液或25%烯肟菌酯乳油5 000倍液。间隔7 ～ 10天喷施1次。

西瓜甜瓜枯萎病

在西瓜、甜瓜等葫芦科作物生产中，都会发生枯萎病（*Fusarium oxysporum* Schlecht.），且连作年限越长枯萎病发生越重，全国各地都有分布。

［症状］枯萎病的典型症状是萎蔫，一般在植株开花结瓜前后即在田间陆续出现。发病初期，病株表现为叶片从下向上逐渐萎垂，似缺水状，中午更为明显，早晚尚能恢复，数日后整株叶片枯萎下垂，不再恢复常态（图37）。病茎基部常纵裂，先呈水渍状后逐渐干枯，有的病株被害部溢出琥珀色胶状物。如将病茎纵切，其维管束呈褐色（图38）。在潮湿环境下，病部表面常产生白

图37　西瓜枯萎病萎蔫症状

图38　西瓜枯萎病致维管束变褐色

色或粉红色的霉层。

［**发生条件**］枯萎病是一种真菌病害。从病株上收获的种子可以带菌，播种带病的种子，苗期就可染病。病菌也可随病残体在土壤和未腐熟的粪肥中越冬，成为第二年的初侵染来源，从根部伤口或根毛顶端细胞间侵入。发病的轻重取决于当年初侵染的菌量，再侵染不起多大作用。秧苗老化、连作地、土壤黏重、干湿交替明显、酸性土等条件致发病重。病害发生的温度范围为8～34℃，以24～32℃为最适。损失大小与病菌侵染的早晚有关，侵染越早，造成的损失越大。

［**防治关键技术**］枯萎病一旦发生，很难防控，所以无病地应严控病菌传入。防控该病要以农业防治为主，药剂防治为辅。

（1）**选用抗病品种**。因地制宜选种当地适合的抗病品种。

（2）**种子消毒**。用60%多菌灵盐酸盐可溶性粉剂10克加在60毫升水中，再加6克平平加乳化剂混匀后浸种60分钟，捞出后冲净催芽。

（3）**农业防治**。选用无病新土或消毒的营养基质在营养钵或塑料套内育苗；定植时不伤根；选择5年以上未种过瓜的土地种植，或进行3年以上轮作；加强栽培管理，施用充分腐熟的有机肥，浇水做到小水勤浇，避免大水漫灌，适当多中耕，提高土壤透气性，使根系茁壮，增强抗病力；结瓜期应分期施肥，切忌用未腐熟的人粪尿追肥。

（4）**嫁接防病**。选择云南黑籽南瓜或南砧1号作砧木，选种品种作接穗，采用靠接或插接法，进行嫁接后置于塑料棚中保温、保湿，控温白天28℃，夜间15℃，相对湿度90%左右，经半个月成活后，转为正常管理。采用靠接法的，成活后要把瓜根切断，定植时埋土深度掌握在接口之下，以确保防效。

（5）**药剂防治**。①苗床消毒。每平方米苗床用50%多菌灵可湿性粉剂8克处理畦面。②土壤消毒。用50%多菌灵可湿性粉剂每亩4千克，混入细干土，拌匀后施于定植穴内。③药剂灌根。在4～5片真叶期或始瓜期，用3.2%噁·甲水剂300倍液、60%福·甲硫可湿性粉剂700倍液、3%噁霉·甲霜水剂650倍液或30%噁霉灵水剂800倍液灌根，每株灌对好的药液0.3～0.5升，或12.5%增效多菌灵浓可溶剂250倍液，每株100毫升，隔10天后再灌1次，连续防治2～3次，一定要早防、早治，否则效果不明显。此外，于定植后开始喷洒0.002 5%羟烯腺·烯腺可溶性粉剂500倍液，可明显提高抗性，如能加入0.2%磷酸二氢钾，或喷洒喷施宝每毫升加水11～12升效果更好。④涂抹防治。瓜开花期用50%多菌灵可湿性粉剂50倍稀释液涂抹瓜株茎基部，每7～10天1次，连涂2～3次，效果高于灌根法。使用多菌灵的采收前10天停止用药。

西瓜甜瓜根腐病

根腐病是一种由茄镰孢（*Fusarium solani*）等多种镰刀菌引起的多发性真菌病害，呈现发病早、速度快、危害重、损失大等特点，近年来成为我国西瓜、甜瓜生产上的主要病害之一。

［**症状**］根腐病主要侵害西瓜和甜瓜植株的根和根颈基部。子叶期发病，瓜苗出现地上部分萎蔫，拔出植株可见根部呈黄色或黄褐色腐烂，严重时蔓延至全根，致地上部枯死（图39）。移栽后，植株发病，根颈部浅褐至深褐色腐烂（图40）。受害植株生长缓慢，叶片中午萎蔫，早晚恢复，逐渐枯死（图41）。

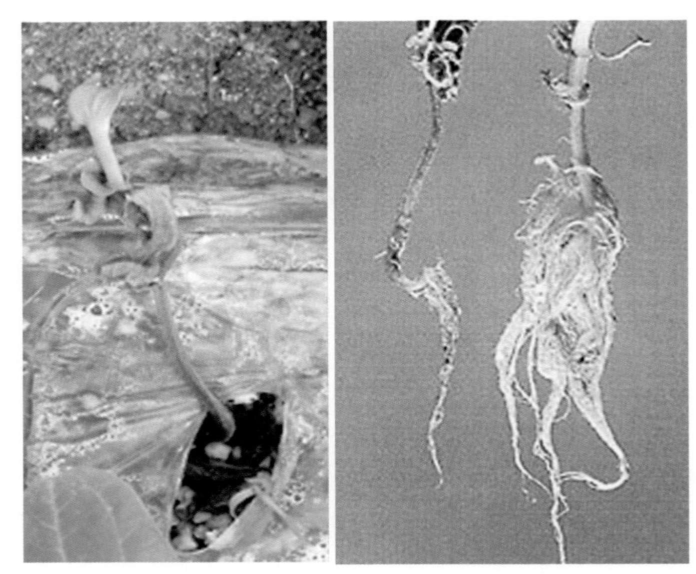

图39　西瓜苗期根腐病症状（左）及病株根系（右）

图40　西瓜伸蔓期根颈部根腐病症状（左）及根部剖面（右）

图41　西瓜根腐病田间发病症状

［发生条件］根腐病是一种土传真菌性病害。根腐病菌主要在土壤中或病残体上越冬，在土中可存活5～6年或长达10年以上，是引起发病的主要初侵染源。病菌从根部伤口侵入，在根部和茎基部中繁殖蔓延，堵塞导管，并产生毒素，造成植株萎蔫死亡。根腐病的发生与初始菌量、地理环境和气候条件有关。西瓜种植重茬地，土壤中病原菌积累多，根腐病发生重；黏土地、盐碱地、低洼地适宜病原菌的生存和蔓延，发病重；低温、高湿的气候条件有利发病；晴天、少雨的情况下，病害发展慢，危害轻；阴雨天或浇水后，病害发展快，危害重。设施西瓜2～3月为根腐病的始发期，3月中下旬至4月中下旬为发病盛期；根结线虫取食危害造成的西瓜根部伤口，有利于根腐病的发生。

［防治关键技术］

（1）选用抗病或耐病西瓜和砧木品种。利用黑籽南瓜或葫芦作砧木嫁接防病，培育嫁接西瓜苗。抗性砧木品种有葫芦砧1号、强势、八月蒲、爱抗等。

（2）土壤消毒处理。苗床消毒按每平方米用50%多菌灵可湿性粉剂8克处理畦面。定植前用50%多菌灵可湿性粉剂每亩2千克，混入30千克细土，拌匀后，均匀撒入定植穴内。在夏季高温季节，利用太阳能进行土壤消毒，即收获后，翻好地，灌水，铺上地膜，然后密闭大棚15～20天，可以减少土壤中病菌数量，减轻发病，同时对枯萎病及其他土传病害、线虫等均有较好防效。

（3）**加强田间栽培管理**。选择地势较高田块，采取高畦栽培，畦面高25厘米以上，四周边沟深至50厘米以下。加强肥水管理，在施足有机肥的前提下，适当喷施叶面肥和微量元素肥，能有效提高植株抗病力，减轻根腐病发生。

（4）**药剂防治**。发病初期，可用50%腐霉利（速克灵）可湿性粉剂1 200～1 500倍液、50%异菌脲（扑海因）可湿性粉剂1 000～1 200倍液、70%甲基硫菌灵可湿性粉剂500～600倍液、50%多菌灵可湿性粉剂600～800倍液、50%多霉灵可湿性粉剂500～700倍液、10%苯醚甲环唑水分散颗粒剂3 000～6 000倍液或50%咪鲜胺可湿性粉剂1 000～1 500倍液，每株灌药液0.25千克，每隔5～7天1次，连续防治2～3次。

西瓜甜瓜细菌性果斑病

瓜类细菌性果斑病（*Acidovorax citrulli*）已成为葫芦科作物上严重的世界性病害，对各地区的西瓜、甜瓜种植业造成了极大的威胁。该病最早在美国发生，但是并未引起人们的重视，直到1989年该病在美国严重暴发，种植商品西瓜的各州都相继报道了该病害的发生。到1995年，瓜类细菌性果斑病在美国多个州蔓延，发病严重地区80%以上的西瓜不能上市销售。目前，果斑病已在美国和澳大利亚、巴西、土耳其、日本、泰国、以色列、伊朗、匈牙利、希腊等多个国家发生。我国作为西瓜、甜瓜种植大国，近年来瓜类细菌性果斑病也呈逐年上升的趋势。自1998年在我国首次报道以来，16年的时间已经遍布了海南、新疆、内蒙古、台湾、吉林、福建、山东和河北、甘肃、湖北、广东等多个省份和地区，给当地的西瓜、甜瓜种植业造成了不同程度的影响。目前，瓜类细菌性果斑病菌已被列入我国国家禁止进境的检疫性有害生物。

［症状］瓜类细菌性果斑病主要侵害葫芦科作物，如甜瓜、西瓜、黄瓜、南瓜等，也可以侵染萎叶等其他植物。西瓜、甜瓜在各个生长期间均可被侵染，果实、真叶和子叶均能感病。病菌主要侵染叶片和果实。子叶被侵染初期下侧呈水渍状病斑，子叶张开时，病斑变为暗棕色，沿叶脉发展为黑褐色坏死斑。病菌侵染真叶时，形成有黄色晕圈的病斑，叶片病斑呈暗棕色，水渍状，圆形或多角形，也可侵染叶脉，后期病斑中间变薄穿孔。病菌可在叶片背面溢出，干后变成一薄膜，发亮（图42）。西瓜果实上的症状与甜瓜果实上的症状不尽一致，西瓜果实感病初期，形成水渍状小病斑，逐步扩大、变褐，后期病斑开裂。甜瓜果实上感病初期，病斑水渍状，圆形或卵圆形，稍凹陷，相对西瓜果实上的

图42　西瓜细菌性果斑病症状（赵廷昌　提供）
A. 子叶前期　B. 真叶　C. 果实

病斑小得多，在果面上扩展不明显，颜色逐步变深呈褐色至黑褐色，果皮开裂，严重时内部组织腐烂，病菌可进入果肉，有时造成孔洞状伤害，有的病斑表皮龟裂，溢出透明、黏稠、琥珀色的菌脓，严重时果实很快腐烂，并使种子带菌（图43）。

图43 甜瓜细菌性果斑病症状（赵廷昌 提供）
A. 真叶 B. 果实 C. 果实内部

［发生条件］瓜类细菌性果斑病是一种种传细菌性病害，病菌可以附着于种子表面，也能存活于种子内部胚乳表层，且存活时间长，可达40年。带菌种子是该病的主要初侵染来源。病菌在土壤表面的病残体上越冬，也是翌年的初侵染来源，田间的次生瓜苗也是该病菌的寄主和初侵染来源。带菌种子萌发后病菌很快侵染子叶及真叶，引起幼苗发病。温室中，人工喷灌和移植条件下，

病菌可迅速侵染邻近的幼苗，并导致病害大面积暴发。病叶和病果上的菌脓借雨水、风力、昆虫和农事操作等途径传播，成为再侵染来源，如图44所示。瓜类细菌性果斑病在高温高湿的环境下易发病，特别是炎热、强光及暴风雨后，病菌的繁殖和传播加速。人为传播也可促使该病流行。

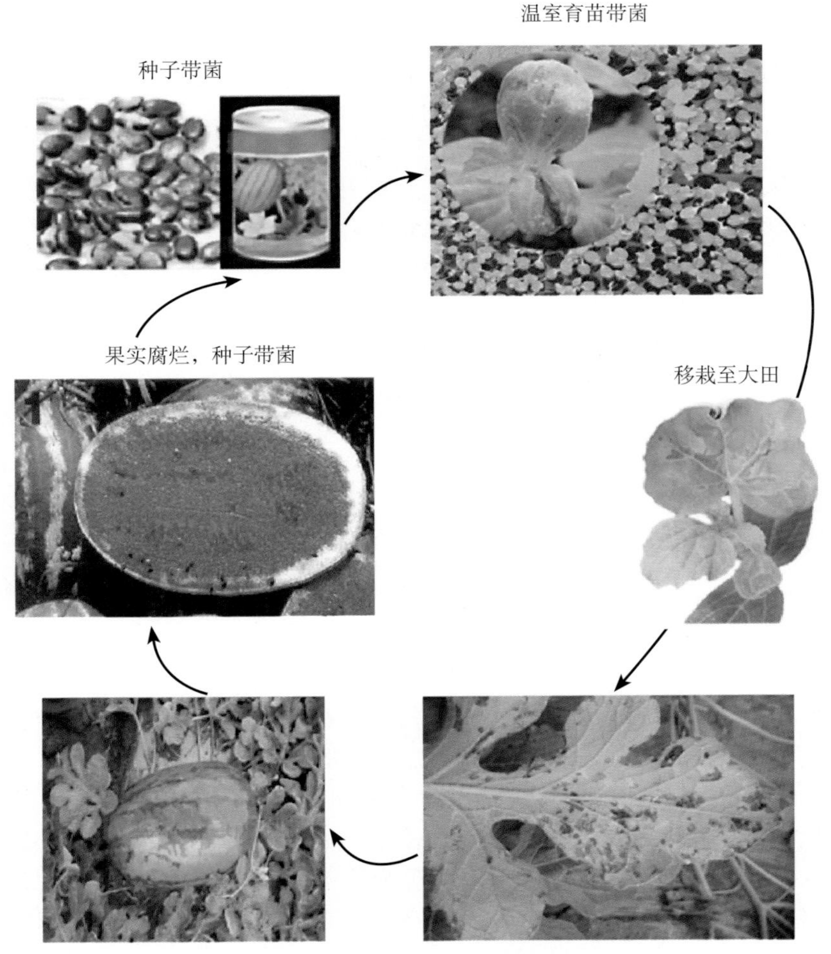

图44　瓜类细菌性果斑病侵染循环

（赵廷昌　提供）

[防治关键技术] 使用抗病品种是防治果斑病最根本、最有效的措施，但是迄今并没有发现对果斑病免疫或高抗的品种。三倍体西瓜较二倍体抗病，抗病性强的品种果皮坚硬，果皮颜色深，感病品种的果皮呈浅绿色。由于还没有开发出具有商业价值的抗果斑病品种，培育抗病品种依然是当前研究的难点。

（1）**植物检疫**。瓜类细菌性果斑病是我国的检疫性病害，病菌除了自然传播途径外，还可以随着人类的生产活动和贸易活动而做远距离的传播。所以进口时应杜绝带菌种子进入。同时注意从无病区引种，生产的种子应进行种子带菌率测定。

（2）**生产健康种子和种子消毒**。种子生产方面，应使用无病菌的种子进行原种和商业种子生产，制种田必须与其他瓜类田自然隔离。发生或怀疑发生病害的田块不能采种，相邻地块发病而本身未发病的田块也不能采种。种子处理可以用3%盐酸处理瓜种15分钟，水洗后，再用47%春·王铜可湿性粉剂600倍液浸种处理过夜后播种。也可以用200倍的福尔马林（42%甲醛水溶液）浸种30分钟，彻底水洗后发芽播种。或用1 000倍液的72%农用链霉素可溶粉剂浸种1小时后水洗播种。

（3）**农业防治**。农业防治方面，必须进行轮作倒茬，发生过果斑病的田块至少3年不种植西瓜或其他葫芦科作物。田间灌溉利用滴灌而不用喷灌。病害一旦出现，随时清除病株、病果并彻底清除田间杂草。不要在叶片露水未干的病田中工作，也不要把病田中用过的工具拿到无病田中使用。做好苗床处理，多年使用同一温室繁育瓜苗，要在当年瓜苗移植之后彻底清理温室内的残留瓜苗和杂草。无病菌的种子不与未检验的种子在同一育苗室内生产幼苗，不同育苗室内的用具不能交换使用。

（4）**药剂防治**。防治瓜类细菌性果斑病可用53.8%氢氧化铜干悬浮剂（可杀得）800倍液、50%氯溴异氰尿酸水溶性粉剂（消菌灵）800倍液或47%春·王铜可湿性粉剂（加瑞农）800倍液等。因果斑病菌部分菌株有抗铜性，应谨慎使用含铜杀菌剂。田间使用新植霉素有很好的防治效果。用47%春·王铜可湿性粉剂和90%新植霉素可溶性粉剂，苗期防效均超过80%。

（5）生物防治。目前报道的对果斑病有防治效果的生防菌主要有酵母菌（*Pichia anomala*）、荧光假单胞菌（*Pesudomonas fluorescens*）工程菌株（染色体整合了2，4-二乙酰基间苯三酚）、葫芦科内生细菌中的部分芽孢杆菌（*Bacillus* spp.）。

西瓜甜瓜病毒病

我国西瓜、甜瓜病毒病发生普遍，尤其是露地种植的西瓜、甜瓜发生严重，一些病重的年份会造成严重减产，甚至绝收，通常病害发生率为20%～50%。我国已报道的侵染西瓜、甜瓜的病毒有12种，其中，黄瓜绿斑驳花叶病毒（*Cucumber green mottle mosaic virus*，CGMMV）、甜瓜黄化斑点病毒（*Melon yellow spot virus*，MYSV）和瓜类褪绿黄化病毒（*Cucubit chlorotic yellows virus*，CCYV）危害最为严重。CGMMV由于砧木种子携带病毒，在辽宁、山东、浙江、河北的一些地区曾经暴发。MYSV侵染引起的黄化斑点病曾经于2009年在海南大发生，CCYV引起的褪绿黄化病2007年以来在山东、上海、宁波大流行，目前分布也逐渐扩大，南至海南、北至北京、东至山东、西至河南的广大地域均有分布，已经成为秋季甜瓜棚室生产上最重要的病害之一。

[症状]

（1）绿斑驳花叶是由黄瓜绿斑驳花叶病毒引起的典型症状。叶片感病后沿边缘向内部分绿色变浅。叶片呈不均匀花叶、斑驳，有的出现黄斑点。病毒可引起西瓜果实成水瓤瓜，瓤色常呈暗红色，不能食用，失去商品价值（图45A～C）。

（2）黄化斑点由甜瓜黄化斑点病毒引起，该病毒由蓟马传播。新生叶片感病后出现明脉、褪绿斑点，随后出现坏死斑，叶片变黄，邻近斑点融合形成大的坏死斑点，使植株叶片呈现黄色坏死斑。叶片下卷，似萎蔫状，若病毒在甜瓜生长早期侵染，果实出现颜色不均的花脸样。果实品质下降，风味变差（图45D、E）。

（3）褪绿黄化是瓜类褪绿黄化病的典型表现。叶片感病后出现褪绿，开始呈现黄化后，仍能看见保持绿色的组织，直至全叶黄化。叶脉不黄化，仍为绿色，叶片不变脆、不变硬和不变厚。通常中下部叶片感染，向上发展，新叶常无症状。自然感染西瓜、甜瓜、黄瓜等，以甜瓜大面积发病为常见。发病季节通常在秋季，春季也可以发生。甜瓜感病症状表现明显，西瓜和黄瓜略轻，但发病重时西瓜黄化也极为明显（图45F、G）。

另外，西瓜甜瓜病毒病害会引起花叶蕨叶、黄化、坏死斑点、皱缩卷叶等症状（图45H ~ M）。

图45 西瓜甜瓜病毒病症状 （古勤生 摄）

A.西瓜幼苗绿斑驳花叶 B. 西瓜成株绿斑驳花叶 C. 西瓜果实倒瓤 D. 甜瓜叶片黄化斑点 E. 甜瓜整株黄化斑点 F. 甜瓜褪绿黄化 G. 西瓜褪绿黄化 H. 西瓜花叶蕨叶 I. 甜瓜花叶 J. 甜瓜黄化 K. 甜瓜叶片坏死斑点 L. 甜瓜整株坏死斑点 M. 甜瓜皱缩卷叶

[发生条件]

黄瓜绿斑驳花叶病毒为杆状病毒科烟草花叶病毒属病毒。是正单链RNA病毒，病毒粒体杆状，大小为300纳米×18纳米。钝化温度为90～100℃，稀释限点10^{-6}～10^{-7}，体外存活期超过数月（室温）。侵染多数瓜类作物，经种子传播、机械传播。

甜瓜黄化斑点病毒为布尼亚病毒科番茄斑萎病毒属病毒。具有包膜的球体病毒粒体，直径一般为80～120纳米，在病毒衣壳外有包膜，其蛋白具刺突。包括3个单链线性RNA片段基因组。传毒介体主要为节瓜蓟马，又称为棕榈蓟马，以持久增殖方式自然传播。

瓜类褪绿黄化病毒为长线病毒科毛形病毒属病毒。病毒颗粒为长线形。基因组含2条线性正单链RNA。传毒介体主要为烟粉虱，以半持久性方式传播。

CGMMV的发生与流行主要取决于西瓜、甜瓜嫁接采用的砧木尤其是瓠子的带毒情况，凡是采用南瓜作为砧木的西瓜，病害发生少。采用经干热处理或健康的砧木种子，可以完全或大量减少病害的发生。CGMMV通过土壤传播的概率可以达到3%。由于CGMMV极耐高温和不良环境，又特别容易经汁液传播，因此，田间的农事操作对病害流行也有很大的影响。

蚜虫非持久性传播的病毒病，其发生危害程度取决于蚜虫早期发生的群体数量。干旱少雨有利于蚜虫的大发生，因而也有利于病毒病的发生流行。

蓟马传播的MYSV目前只发生于海南和广西，在海南省，2009年曾一度暴发。节瓜蓟马的发生程度决定了该病的发生与流行。

CCYV经Q型和B型烟粉虱传播，病害暴发与Q型烟粉虱的大发生直接相关。该病毒起初在沿海地区发生，而后向南、向北扩展，短短5年时间已经扩大分布地域，南至海南、北至北京。有关流行学的研究正在进行中，目前推测甜瓜周围种植的作物对于此病害的流行起着关键作用。

[防治关键技术] 由于西瓜和甜瓜病毒病的病原种类、传播方式和流行规律不同，因此，防治方法也需要根据病毒种类来确定。

（1）**植物检疫。**CGMMV是我国的检疫性病毒，加强检疫是阻隔其大量发生和大范围传播的重要途径。

（2）**种子处理。**种子于70 ℃ 热处理144小时，能有效去除甜瓜种子携带的部分病毒，且不影响种子萌发；用10% 磷酸三钠处理种子3小时，或用0.1 摩尔/升盐酸处理种子30分钟，均能获得很好的防治效果，但种子发芽率下降到75%。种子干热处理是防治CGMMV的关键措施，种子在72℃下干热处理72小时，可以有效降低病毒尤其是黄瓜绿斑驳花叶病毒的基数。种子处理需要温度控制比较严格且内部通风好的精密的仪器设备。

（3）**农业栽培措施。**①清除杂草，清洁田园。田间杂草是西瓜和甜瓜病毒的重要寄主，清除杂草，清洁田园是种植西瓜、甜瓜过程中不容忽视的农业措施。②诱导抗性，减轻病害发生。可以采用腐殖酸肥料等，提高植株抗病性。

（4）**防治介体昆虫。**防虫网是防治介体昆虫最简单、有效的措施，可阻止介体昆虫进入温室或大棚，减轻其对病毒的传播。银灰膜能有效驱避蚜虫，蓝色对节瓜蓟马、黄色对蚜虫和烟粉虱最有吸引力，可在温室或大棚内悬挂蓝色或黄色粘板。此外，种植诱饵植物，例如黄瓜和黑大豆，被认为是防治蓟马成本较低的好方法。套种玉米、高粱等可以减轻蚜虫传播的病毒病的发生。秋种西瓜、甜瓜之前，休闲8 ~ 10周或高温闷棚等有利于减轻烟粉虱的发生，从而减轻CCYV黄化病的发生。

（5）**药剂防治。**目前可以采用的化学农药有：20%盐酸吗啉呱·铜可湿性粉剂（病毒A）500 ~ 800倍液、1.5%植病灵Ⅱ号乳剂（硫酸铜+三十烷醇+十二烷磺酸）1 000 ~ 1 200倍液、3.95%病毒必克可湿性粉剂（病毒钝化剂Raboviror+抑制增抗剂STR）500倍液、0.5%菇类蛋白多糖水剂（抗毒丰）200 ~ 300倍液、NS83增抗剂100倍液、壳寡糖50微克/毫升、8%宁南霉素水剂（菌克毒克）250倍、4%嘧肽霉素水剂200 ~ 300倍液等。

二、西瓜甜瓜害虫

烟 粉 虱

烟粉虱（*Bemisia tabaci*），又名棉粉虱、甘薯粉虱、银叶粉虱，全国各地均有发生。烟粉虱包括很多生物型，其中B和Q生物型目前在我国危害最为严重。烟粉虱以成虫和若虫取食植物汁液，导致植株衰弱；成虫和若虫还分泌蜜露，诱发煤污病（图46），严重影响植物光合作用；烟粉虱取食还可导致植物的生理异常，果实出现不均匀成熟等；烟粉虱最严重的危害是传播病毒，其传播的南瓜曲叶病毒几乎可以侵染所有的葫芦科作物，并常和甜瓜曲叶病毒（*Melon leaf curl virus*）、西瓜卷缩斑驳病毒（*Watermelon curly mottle virus*）复合侵染，引致叶片卷曲、植株矮化和果实败育，损失惨重。近年来烟粉虱传播的瓜类褪绿黄化病毒（*Cucubit chlorotic yellows virus*），在浙江宁波、上海等地区发生危害，造成严重损失。

图46　烟粉虱危害甜瓜造成煤污病

［形态特征］

成虫：体淡黄色，体长0.85 ～ 0.91毫米，稍小，较纤细。翅被有白色蜡粉，无斑点。触角7节，复眼黑红色，分上、下两部分并有一单眼连接。前翅合拢，呈屋脊状，通常从两翅中间缝隙可见腹部背面，前翅1条脉不分叉，后翅纵脉1条。雌虫尾部呈尖形，雄虫呈钳状（图47）。

卵：约0.2毫米，散产，顶部尖，端部有卵柄，卵柄插入叶表裂缝中，排列成弧形或半圆形，多产于叶片背面，也见于叶正面。卵初产时为白色，渐变为黄色，孵化前颜色加深至深褐色，不变黑。

若虫：共有4龄。一至三龄若虫为淡绿色至黄色，一龄若虫有足和触角，能活动；在二、三龄时，足和触角多数仅退化至只有1节，固定不能活动；四龄若虫称为伪蛹，因有两只红眼也称为"红眼期"，长0.6 ～ 0.7毫米，淡黄至黄色，蛹壳边缘变薄或自然下垂，体呈卵圆形，周缘无蜡丝（图47）。

图47　烟粉虱成虫（左）和若虫（右）

［发生条件］烟粉虱在亚热带和热带地区1年发生11 ～ 15代，世代重叠严重。

（1）气候。烟粉虱适应高温的环境，25 ～ 30℃是种群发育、存活和繁殖最适宜的温度条件，相对湿度30% ～ 70%是烟粉虱发育的适宜湿度范围。在适宜条件下，烟粉虱在合适的寄主植物上单雌平均产卵200粒以上，最高产卵量超过600粒，其种群数量增长很快。因此，我国南方瓜类作物种植区和北方地区高温季节棚室内受害重。

（2）**栽培制度**。北方地区保护地面积的迅猛增加也为烟粉虱提供了良好的越冬场所和营养条件，使得该虫的越冬虫口基数大大提高，危害更加严重。

［**防治关键技术**］ 防治烟粉虱应贯彻预防为主、综合防治的方针，切实做好秋冬春三季温室虫源基地的防治工作。围绕着断（切断生活史）、洁（培育无虫苗）、诱（黄板诱杀）、寄（释放寄生蜂）和治（施用药剂）5个环节，采取下列具体措施。

（1）**农业防治**。培育无虫苗控制烟粉虱的初始种群数量，是防治烟粉虱的关键措施。只要抓住这一环节，西瓜和甜瓜即可免受烟粉虱危害或受害程度明显减轻。冬春季育苗房要与生产温室隔开，育苗前清除残株和杂草，必要时用烟剂熏杀残余成虫，避免在发生烟粉虱的温室内育苗；夏秋季育苗房适时覆盖遮阳网和孔径为0.30 ～ 0.44毫米的防虫网防止成虫迁入（图48）。

图48　棚室瓜田覆盖防虫网阻止烟粉虱及其他外源害虫迁入

（2）**物理防治**。种植西瓜、甜瓜的加温温室和节能日光温室或大棚的通风口、门窗加设孔径0.30 ～ 0.44毫米的防虫网，防止烟粉虱成虫迁入，从而切断烟粉虱的生活年史，起到根治的作用。在烟粉虱发生初期悬挂黄色粘板（20 ～ 30片/亩），悬挂高度稍高于植株上部叶片，并根据植株长势随时调整黄色粘板悬挂位置，可诱捕烟粉虱成虫，同时可兼治斑潜蝇、蚜虫、蓟马等其他重要害虫（图49）。

图49　悬挂黄色粘板诱捕烟粉虱成虫

（3）生物防治。在加温温室及节能日光温室春夏秋季西瓜和甜瓜上，当烟粉虱成虫发生密度较低时（平均0.1头/株以下），于植株叶柄上悬挂丽蚜小蜂蜂卡，按照每亩次释放丽蚜小蜂1 000 ～ 2 000头，隔7 ～ 10天1次，共挂蜂卡5 ～ 7次，使寄生蜂建立种群，可有效控制烟粉虱的发生危害（图50）。也可在释放丽蚜小蜂的棚室中，在西瓜和甜瓜的生长中、后期，辅助释放大草蛉，隔7 ～ 10天1次，共2 ～ 3次，可提高防治效果。

图50　田间悬挂丽蚜小蜂蜂卡防治烟粉虱

（4）**药剂防治**。在烟粉虱发生初期及时进行化学防治。①灌根法。幼苗定植前可用25%噻虫嗪水分散粒剂4 000 ～ 5 000倍液，每株用30毫升灌根，可预防或者延缓烟粉虱的发生。②喷雾法。在粉虱发生密度较低时（平均成虫密度2 ～ 5头/株）及时进行化学防治。可选择1.8%阿维菌素乳油2 000 ～ 2 500倍液、10%烯啶虫胺水剂1 000 ～ 2 000倍液、50%噻虫胺水分散粒剂6 500倍液、25%噻嗪酮可湿性粉剂1 000 ～ 1 500倍液、2.5%联苯菊酯乳油1 500 ～ 2 500倍液、25%噻虫嗪水分散粒剂5 000 ～ 6 000倍液等。一般10天左右喷1次，连喷2 ～ 3次，将药液均匀地喷洒在叶片背面，注意轮换用药。另外，西瓜烟粉虱不能用矿物油进行防治，否则会出现阴阳瓜，影响商品西瓜出售。③烟雾法。棚室内可选用22%敌敌畏烟剂250克/亩或20%异丙威烟剂250克/亩等，在傍晚收工时将棚室密闭，把烟剂分成几份，点燃熏烟杀灭成虫，方便快捷，结合喷施杀卵和若虫的药剂（如螺虫乙酯、吡丙醚等），防治效果更佳。

叶　　螨

叶螨主要包括朱砂叶螨（*Tetranychus cinnabarinus*）、二斑叶螨（*T. urticae*）和截形叶螨（*T. truncatus*），俗称为红蜘蛛。其中朱砂叶螨和截形叶螨为红色，二斑叶螨为黄绿色，均属真螨目叶螨科，全国范围内均有分布，单独或者混合发生。露地以春、秋两季发生为主，棚室内可全年发生。叶螨以成螨和幼若螨刺吸叶片汁液，影响光合作用。受害叶片在危害初期先出现白斑，逐渐变黄，严重时叶片干枯脱落，甚至整株死亡，对西瓜和甜瓜产量影响大，通常情况下可造成瓜类作物减产15%～ 20%（图51、图52）。

[形态特征]

朱砂叶螨：雌成螨体长0.5毫米左右，体末端圆，呈卵圆形。体呈深红色至锈红色（有些甚至为黑色），在身体两侧有1个长黑斑。背毛12对，刚毛状，无臀毛，腹毛16对。肛门前方有生殖瓣和生殖孔，生殖孔周围有放射状的生殖皱襞。气门沟呈膝状弯曲。

图51　叶螨在西瓜上初期危害状

图52　叶螨在甜瓜上结网危害

雄成螨背面看体呈菱形，体后部尖削，比雌螨小。背毛13对，最后的1对是移向背面的肛后毛。阳茎的端锤微小，两侧的突起较尖利，长度几乎相等。卵呈圆形，初产时呈白色，后期乳黄色，孵化前微红色，产于叶片或丝网上。幼螨体色透明，眼红色，有足3对，取食后体色变暗绿色。若螨有足4对，体形与成螨相似，但个体更小。

截形叶螨：雌成螨体椭圆形，体长约0.5毫米，宽约0.3毫米，锈红色，体背两侧有暗色不规则黑斑。背毛刚毛状，共12对，细长而不着生在瘤突上，缺尾毛。腹毛12对，肛毛和肛后毛2对。气门沟具端膝，端膝由膈分成数室（图53）。雄成螨体小于雌螨，体长约0.4毫米，宽约0.2毫米，体末略尖，呈菱形，浅黄色。阳茎短粗，端锤微小，端锤背缘平截。距离侧突1/3处还有一微凹。远侧突较尖利，近侧突钝圆。卵、幼螨、若螨特征似朱砂叶螨。

二斑叶螨：雌成螨体呈椭圆形，长0.4～0.5毫米，宽约0.3毫米。体呈黄绿色，但越冬滞育个体呈现橙红色。该螨体侧各有1块黑斑（图54）。雄成螨身体略小于雌成螨，末端尖削，体色与雌螨相同。卵形态特征与朱砂叶螨卵相似。幼、若螨体色呈现黄绿色。幼螨有足3对，若螨有足4对。

图53　截形叶螨雌成螨

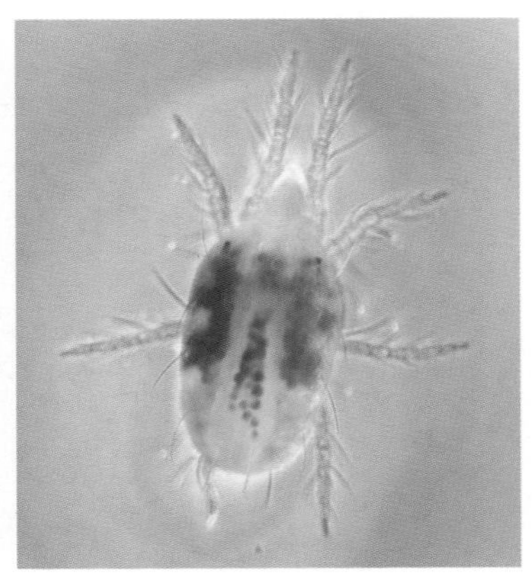

图54　二斑叶螨雌成螨

[发生条件] 叶螨的发生代数随地区和气候差异而不同，由北到南代数递增，北方地区通常1年发生12 ～ 15代。叶螨种群的变动与气候、寄主等多因子有关。

（1）气候。高温、干旱是叶螨大发生的有利生态条件。叶螨发育适宜的温度是20 ～ 30℃，相对湿度为35% ～ 55%适宜其繁殖危害。因此，高温、干旱的地块发生严重，高湿田块发生较轻。早春气温回升早、气温偏高时，叶螨发生早且数量多。春季棚室瓜田由于温度较高，叶螨发生比露地更早，主要来源于棚室中越冬的叶螨、由移栽的瓜苗传播来的叶螨和从棚室外杂草上或其他作物上迁入的叶螨。北方地区进入6月，随着气温升高，其种群数量呈指数上升，6 ～ 7月是全年发生的高峰时期，此时瓜田受害最重。相反，降雨和湿度对叶螨发生有不利影响，雨水冲刷和高湿可使叶螨种群数量快速下降。

（2）寄主植物。叶螨的螨源主要来自周边杂草寄主，出蛰活动的叶螨首先在田边杂草上取食、生活并繁殖1 ～ 2代，然后由杂草陆续迁往露地瓜田或棚室瓜田中危害。因此，周边杂草寄主多、分布广的瓜田，叶螨的虫源基数大，春季受害程度重。

[防治关键技术] 加强农业防治，重视无螨苗的培育和定植，及时进行田间监测，及时发现并在叶螨的点片发生阶段进行种群控制。

（1）**农业防治**。培育无螨苗对于预防叶螨发生非常关键。育苗前彻底清除植株残体、自生苗及周边杂草，再将培育出的无螨苗定植到清洁过的生产田中。可进行轮作，或冬前铲除田内外杂草，翻耕土壤，恶化成螨的越冬条件（图55）。

（2）**生物防治**。主要是捕食螨天敌的应用，以植绥螨科应用最多。瓢虫、南方小花蝽和蜘蛛也是农田控制叶螨种群的重要天敌因子。可在田间叶螨发生密度较低时（平均低于5头/株），释放商品化的天敌捕食螨，按每10米^{2}释放2 ～ 3袋（每袋300头）胡瓜新小绥螨进行生物防治，对叶螨防治效果较好；有条件的地方也可释放拟长毛钝绥螨。

（3）**药剂防治**。西瓜和甜瓜定植后严密监测田间虫情。在叶

图55　棚室周围除草减少叶螨虫源

螨点片发生阶段，以发生点为中心进行药剂防治，另需喷施周围一圈。化学药剂可选择10%浏阳霉素乳油1 000倍液、20%复方浏阳霉素（浏阳霉素+乐果）乳油1 000倍液、0.3%印楝素乳油800 ～ 100倍液、1.8%阿维菌素乳油2 500 ～ 3 000倍液、2.5%联苯菊酯乳油2 000倍液、20%甲氰菊酯乳油2 000倍液、20%双甲脒乳油1 500倍液、5%噻螨酮乳油1 500倍液或10%溴虫腈乳油2 000倍液等，防治效果较好。轮换用药，喷雾时尤其需要注意叶片反面的喷施。

瓜　　蚜

瓜蚜［*Aphis gossypii*（Glover)］即棉蚜，俗称腻虫、蜜虫、油汗等，全国各地都有发生。以成蚜和若蚜群集在叶片背面、嫩头和茎上，以刺吸式口器吸食植物汁液，使瓜叶畸形、卷缩（图56），同时还大量排泄蜜露，诱发霉菌滋生，降低植株光合作用，如果防治失时会造成很大损失。若甜瓜果实上出现大量蜜露和霉菌，其市场价值便会随之降低（图57）。此外，瓜蚜还传播多种瓜类病毒病，如西瓜花叶病毒（*Watermelon mosaic virus*，WMV）、黄瓜花叶病毒（*Cucumber mosaic virus*，CMV）、南瓜蚜传黄化病毒（*Cucurbit aphid-borne yellows virus*，CABYV）等，并造成更大的经济损失。

图56　瓜蚜聚集在叶背危害

图57　瓜蚜在甜瓜上的危害状

［形态特征］

有翅胎生雌蚜：体长1.2 ～ 1.9毫米，刺吸式口器，触角短于身体。前胸背板黑色，翅2对，膜质透明。腹部多为黄绿色（夏季）或蓝黑色（春秋季），背面两侧有3 ～ 4对黑斑，腹部末端有腹管和尾片。

无翅胎生雌蚜：体长1.5 ～ 1.9毫米，呈卵圆形，夏季多为黄绿色，春秋季深绿或蓝黑色，全身微覆蜡粉。腹部末端有腹管和尾片。

若蚜：形似成蚜，共4龄。无翅若蚜末龄体长1.63毫米，夏季体黄色或黄绿色，春秋季蓝灰黑色，复眼红色。有翅若蚜第三龄出现翅芽2对，翅芽后半部灰黄色。

卵：长0.5 ～ 0.7毫米，长椭圆形，初产时黄绿色，后变为深黑色，有光泽。

［发生条件］

（1）**气候**。气候条件是影响瓜蚜发生的重要因子，其中主要包括温度、湿度以及降水量。瓜蚜1年发生20 ～ 30代，在适宜条件下可周年发生。全年来看，春季气温越高，瓜蚜的卵开始孵化时间越早，危害时间亦越早；夏季7 ～ 8月，气温超过25℃，雨水增多，不利于瓜蚜的生长发育。该虫适宜的相对湿度为40%～ 60%，超过75%，不利于瓜蚜的繁殖，虫口密度会迅速下降。气候干旱有利于瓜蚜的发生，因此，北方瓜蚜暴发较南方严重。

（2）**栽培管理**。由于棚室瓜类栽培面积的逐步扩大，造成冬春和秋季温暖的环境，7 ～ 8月又覆盖遮阳网和防雨棚，环境温度略低于外界气温，虽可防雨，但利于瓜蚜全年发生。邻近棉花、靠近虫源或管理不善的瓜田瓜蚜发生早、危害重。

［防治关键技术］

（1）**农业防治**。清除瓜田、棚室附近杂草，温室苗房培育无虫苗，做好冬春季温室瓜蚜防治工作，还可减轻病毒病的发生。适时中耕除草，切断其营养桥梁，恶化其生存环境，及时拔除虫苗、摘除虫叶；收获后及时彻底清除残枝落叶，减少瓜蚜的繁殖场所并消灭部分虫卵。

（2）**物理防治**。棚室和苗房在做好田园卫生、清除残虫的基础上，采用孔径0.61毫米的银灰色防虫网覆盖通风口和门窗，可以防止有翅蚜迁入棚室和苗房繁殖、危害，还可兼治其他害虫；利用蚜虫对银灰色的驱避作用，在瓜田悬挂银灰色塑料条（或地膜条），可避蚜和减轻病毒病发生；在棚室或田间瓜田内悬挂黄色粘板（20块/亩），高度与植株顶部持平，可诱杀瓜蚜及其他微小害虫。

（3）**药剂防治**。①在瓜蚜点片发生阶段，提倡进行局部针对性喷药（即挑治），既减少药量又可获得良好防效。可选用3%啶虫脒乳油1 500倍液、10%吡虫啉可湿性粉剂2 000倍液或25%噻虫嗪水分散粒剂5 000倍液，以上药剂用药间隔期15 ～ 25天。也可选用2.5%联苯菊酯乳油、2.5%高效氯氟氰菊酯乳油各3 000倍液或40%氰戊菊酯·马拉硫磷乳油2 000倍液等。抗蚜威对瓜蚜效果差，不宜采用。②熏烟法。适于棚室瓜蚜发生较普遍时应用，可选用22%敌敌畏烟剂或10%异丙威烟剂，每亩300 ～ 400克，或2%高效氯氰菊酯烟剂，每亩200 ～ 300克，于傍晚时将棚室密闭，然后将烟剂分成等量的5 ～ 6份，由里向门的方向依次点燃熏烟。或每亩棚室用80%敌敌畏乳油300 ～ 400克，洒在盛锯末的几个花盆内，点燃熏烟。视虫害发生情况，连熏2 ～ 3次。

蓟　　马

西瓜和甜瓜田间发生的蓟马种类较多，常见的主要是棕榈蓟马（*Thrips palmi* Karny），又称为节瓜蓟马、瓜蓟马、棕黄蓟马。目前主要分布在华南、华中各省份。成虫和若虫锉吸寄主的嫩梢、嫩叶、花和幼果的汁液（图58），有锉吸状粗糙疤痕，被害组织老化坏死。被害的嫩梢和嫩叶变僵硬、缩小、增厚；叶片在叶脉间留下灰色伤斑，并可连片，同时叶片上卷，严重时顶叶不能展开，形似“猫耳朵”状；最终植株矮小，发育不良或成“无头株”，易与病毒病混淆。被害幼瓜和幼果表皮硬化变褐或开裂，严重影响产量和质量。更严重的是，蓟马传播病毒病，2009年在海南三亚新发现的甜瓜黄斑病毒（*Melon yellow spot virus*, MYSV）就是由棕榈蓟马传播的，防治不及时会造成巨大的经济损失。

图58　蓟马在甜瓜花上危害

［形态特征］

成虫：体长1毫米，体淡黄色至橙黄色。头近方形，触角7节，复眼稍突出，单眼3个，红色，三角形排列，单眼间鬃1对，位于单眼三角形连线外缘，即前单眼两侧各1根。后胸盾片网状纹中有1对明显的钟形感觉器，盾片上的刻纹为纵向线条纹，不形成网目状。翅2对，细长透明，周缘有许多细长的缘毛。腹部扁长，第八节背片的后缘有发达的栉齿状突起（或称“梳”）。雄虫腹部第三至七节腹片上各有1个腹腺域（或称雄性腺域），呈横条斑纹（图59）。

图59　棕榈蓟马成虫

卵：长椭圆形，长0.2毫米，无色透明或乳白色，散产于嫩叶组织内。

若虫：共有4个龄期，体黄白色，一至二龄若虫无单眼、无翅芽，行动灵活；三龄若虫触角向两侧弯曲，复眼红色，鞘状翅芽伸达第三、四腹节，行动缓慢；三龄末落入表土进入四龄（伪蛹），不取食，体色金黄，四龄若虫触角往后折于头背上，鞘状翅芽伸达腹部近末端，行动迟钝。

［发生条件］

（1）气候。棕榈蓟马较耐高温，在15 ~ 32℃内可正常生长发育，土壤含水量8%～18%最适宜，夏秋两季发生较严重。该虫在南方地区可终年繁殖，世代重叠严重。干旱的环境条件下会加重棕榈蓟马对植株的危害程度，因此，遇高温、干旱天气，及时灌溉的田块比干旱的田块发生轻。暴雨可减轻该虫的危害。

（2）寄主及栽培条件。棕榈蓟马成虫喜嫩绿，通常作物植株长的嫩绿的田块，比其他长势正常或偏老田块危害重；连茬种植田块比轮作田块危害更重。

［防治关键技术］

（1）农业防治。管理好苗床，培育无虫苗，防止蓟马传播扩散；采用营养土穴盘育苗，地膜覆盖栽培，减少成虫出土危害（图60）；加强水肥管理，使植株生长健壮，增强耐害力；清除田间残株、杂草，减少虫源；在换茬期间进行土壤消毒或夏季高温闷棚灭虫。

（2）物理防治。棚室瓜田的通风口、门窗处增设防虫网。根据蓟马成虫的趋蓝色特性，每亩悬挂20块蓝色粘板，规格为40厘米×25厘米，双面诱捕成虫效果好；也可悬挂黄色粘板进行诱杀。

（3）生物防治。棕榈蓟马的天敌种类较多，如小花蝽、中华微刺盲蝽及捕食螨等，对蓟马均有良好的控制作用。商品化的胡瓜新小绥螨对于蓟马类害虫具有优良的捕食作用，在瓜田整个生长季节中释放2 ~ 3次胡瓜新小绥螨，苗期每次释放5 ~ 10头/株，结果期每次释放20 ~ 30头/株，具有良好的持续控害作用（图61）。

图60　覆盖地膜防治蓟马

图61　田间释放捕食螨防治蓟马

（4）**药剂防治。**及时监测虫情，当每株有蓟马若虫量达到3～5头时进行喷雾防治。可选用2.5%多杀霉素乳油1 000倍液、10%溴虫腈悬浮剂1 000倍液、0.3%苦参碱乳油1 000倍液、80%杀螟丹可溶性粉剂1 500倍液、18%杀虫双水剂300倍液、50%杀虫单可湿性粉剂300倍液或1.8%阿维菌素乳油2 500倍液等，隔5～7天防治1次，连续2～3次。另外，苗期灌根是值得推荐的方法，可在幼苗定植前用内吸杀虫剂25%噻虫嗪水分散粒剂3 000～4 000倍液，每株用30～50毫升灌根，对蓟马类害虫具有良好的预防和控制作用。棚室内也可用22%敌敌畏烟剂300克/亩熏烟，对成虫和若虫有良好的防效。注意不同杀虫剂的合理轮换使用，延缓蓟马抗药性的产生。

斑　潜　蝇

瓜类作物上的斑潜蝇主要包括美洲斑潜蝇（*Liriomyza sativae* Blanchard）和南美斑潜蝇［*Liriomyza huidobrensis*（Blanchard）］，都属于外来入侵性害虫。美洲斑潜蝇又称美洲甜瓜斑潜蝇，自1993年以来在我国海南、广东等省份普遍发生，并迅速向各地蔓延，现已分布于30个省份，其中，华南、西南、福建、湖北中部、浙江和江西南部等地区为最适宜发生区。南美斑潜蝇又称拉美斑潜蝇、豆斑潜叶蝇等，1993年在云南嵩明县首次发现，现已蔓延到贵州、四川、青海、甘肃、新疆、山西、河北、山东、北京等多个省份。斑潜蝇的成虫和幼虫均可对作物产生危害。雌成虫用产卵器刺破叶片上表皮，形成白色刻点状刺孔，人的肉眼能观察到。雌、雄成虫从刻点取食叶片汁液，雌虫产卵在伤孔中，或裂缝内，有时也产于叶柄上。幼虫主要以蛀食叶肉为主，随虫龄的增加取食面积逐渐增大，降低了植物叶片的光合速率，影响营养物质传导。幼虫数量大时常蛀空叶片，使叶片萎缩，严重时叶片干枯死亡（图62）。

图62　斑潜蝇在甜瓜上的危害状

[形态特征]

美洲斑潜蝇：成虫体形小，体长2 ~ 2.5毫米，雌虫比雄虫略大，浅灰黑色。头部额宽为复眼宽的1.5倍，额鲜黄色，侧额上面部分色深，甚至黑色，外顶鬃着生处黑色，内顶鬃位于黄与黑色交界处，触角3节，末节圆形，具浅褐色触角芒。中胸背板亮黑色，小盾片圆形、黄色，背中鬃3+1根，中鬃排列成不规则的4行；前翅翅长1.3 ~ 1.7毫米，前缘脉加粗，中室小，M_{3+4}脉末端长为前一段的3 ~ 4倍，后翅退化为平衡棒，黄色。足基节、腿节黄色，胫节、跗节暗褐色。腹部可见7节，背板黑褐色，腹板黄色。卵长约0.25毫米，扁圆形，乳白色，半透明，渐变为浅黄色。卵通常产于叶片正面，背面很少。幼虫蛆状，共3龄，初孵幼虫半透明，随虫体长大渐变为黄色至橙黄色。老熟时体长约3毫米，橙黄色，腹末端有1对后气门，呈圆锥状突起，末端3分叉，其中2个分叉较长，各具1小孔开口。蛹长1.3 ~ 2.3毫米，椭圆形，金黄色至黄褐色，腹面略扁平。后气门同幼虫。

南美斑潜蝇：与美洲斑潜蝇是近似种，但该虫体形较大，成虫体长2.5 ~ 3毫米，头部额宽为眼宽的2/3，内、外顶鬃着生处黑色，胸部中鬃散生，前翅翅长1.7 ~ 2.3毫米，中室较大，M_{3+4}脉末端为前一段的2 ~ 2.5倍。足基节黄色，具黑纹。卵比美洲斑潜蝇略大，产于叶片正反面。幼虫乳白色，微透明，后气门突具6 ~ 9个气孔开口。蛹浅褐色至深褐色，后气门同幼虫。

[发生条件] 美洲斑潜蝇野生寄主多。瓜类作物收获后，这些野生植物即成为美洲斑潜蝇的中间寄主，为其繁殖、越冬创造了良好的条件，害虫在农作物和野生寄主之间来回迁移，增加了防治难度。美洲斑潜蝇喜温，抗寒力弱，叶面上积水或土壤过湿均可影响其羽化率。气温20 ~ 30℃有利于该虫的发育、存活和增殖，超过30℃或低于20℃则死亡率高，虫口下降。瓜田附近寄主作物多，食料足，虫源田多，有利于其发生危害；降水量大或降雨天数长，其死亡率高，尤其在化蛹盛期，蛹被雨水淹没后易死亡。

南美斑潜蝇在云南昆明1年发生多代，周年发生，3 ~ 5月和10 ~ 11月盛发，以春季种群数量高；在地势较高的坝区和半山区，冬春季棚室盛发，进入夏季高温雨季后，种群数量显著下降。该虫喜温凉，对高温较敏感，30℃以上即不能完成整个世代；其耐寒力较强，发育适温为15 ～ 25℃，最适温度范围是20 ～ 25℃，适宜在西南地区及其他温凉气候条件下发生。云南省的滇中地区处于低纬度、高海拔的区域，终年气候温凉，已成为南美斑潜蝇的重发区。

［防治关键技术］

（1）**农业防治**。棚室和露地栽培要培育无虫苗，有条件的温室喷灌浇水，可杀死部分叶面上的蛹。收获后清洁田园，把被害植株残体和杂草集中深埋、沤肥或烧毁。夏季换茬时应高温闷棚1 ～ 2天，深翻土壤和灌水，使掉在土壤表层的蛹不能羽化，可明显降低虫口基数或减少越冬虫源数量（图63）。在重发区应调整作

图63　深翻休田减轻斑潜蝇危害

物种植布局，将斑潜蝇嗜食的寄主与抗虫或非寄主作物套种或轮作。合理密植，增强田间通透性和植株抗虫性。

（2）**物理防治**。保护地和苗房加设防虫网，防止外部成虫迁入危害；田间可悬挂黄色粘板，对成虫诱杀效果好。

（3）**药剂防治**。西瓜、甜瓜叶片被害率达5%时，可作为化学防治的参考指标。常用药剂有10%灭蝇胺悬浮剂800倍液或40%灭蝇胺可湿性粉剂3 000倍液，持效期10 ～ 15天，或20%阿维·杀单微乳剂1 000倍液、10%溴虫腈悬浮剂1 000倍液、1.8%阿维菌素乳油2 500 ～ 3 000倍液、40%阿维·敌畏乳油1 000倍液、4.5%高效氯氰菊酯乳油1 000 ～ 1 500倍液、2.5%高效氯氟氰菊酯乳油2 500倍液、10%吡虫啉可湿性粉剂1 000倍液等。防治成虫以上午8 ～ 12时施药为好，防治幼虫以一至二龄期施药最佳，隔6 ～ 7天防治1次，连续3 ～ 4次。棚室还可用30%敌敌畏烟剂每亩250克熏烟，熏烟法和喷雾法结合应用效果好。

瓜　绢　螟

瓜绢螟［*Diaphania indica*（Saunders）］又称瓜野螟、瓜绢野螟、瓜螟等。在华东、华中和华南地区普遍发生且频繁。瓜绢螟初孵幼虫先取食叶片背面的叶肉，被害叶片出现灰白色斑块。幼虫发育到三龄后能吐丝将叶片左右缀合，匿居其中取食，四、五龄幼虫食量大，可吃光全叶，仅存叶脉，幼虫也咬食嫩茎和果蒂，造成无头蔓或幼瓜脱落。在植株生长后期，幼虫常啃食瓜的表皮或蛀入瓜内危害，使之失去商品价值。常年发生使瓜类作物生产损失达10%～20%。

［形态特征］

成虫：为小型蛾子，体长11毫米，翅展25毫米。触角、头部和胸部黑褐色。最明显的特征为翅面中心呈丝绢般闪光的白色三角形斑。前翅沿前缘及外缘各有一淡黑褐色带，翅面其余部分为白色，缘毛黑褐色；后翅白色，半透明有闪光，外缘有1条淡墨褐色带，缘毛黑褐色。雄成虫腹端腹板较尖，不向前凹入，被黑色鳞片。雌成虫腹端腹板向前呈半圆形凹入，被白色或黄色鳞片。

卵：扁平椭圆形，长0.6 ～ 0.8毫米，宽0.4 ～ 0.6毫米，淡黄色，表面有网状纹。

幼虫：幼虫有5龄，初龄幼虫体透明，随发育而呈绿色至黄绿色。二龄开始，头、胸部淡褐色，腹部草绿色，头部至腹末出现白色亚背线，随虫龄增长，背线增白加宽。各体节上有瘤状突起，并着生短毛，气门黑色。老熟时体长26毫米，亚背线呈2条宽白纵带（图64）。

蛹：长约14毫米，深褐色，头部光滑尖瘦，翅芽伸及第六腹节，外被薄茧。

图64　瓜绢螟幼虫

［发生条件］瓜绢螟通常1年发生4 ～ 6代，在海南可周年发生。瓜绢螟对温度的适应范围广，发育最适宜温度范围为25.0 ～ 32.5℃。随温度的增加，卵、幼虫和蛹的历期下降，发育速率加快。瓜绢螟喜欢湿润的环境条件，相对湿度低于70%会影响卵的孵化，不利于幼虫的活动。华中和华南地区雨水多，湿度大，因此瓜绢螟发生危害更重。

［防治关键技术］

（1）**农业防治**。清洁田园，人工摘除卷叶并集中处理，减少田间虫口基数。瓜果采完之后，将枯枝落叶收集干净，并清洁出田外深埋或烧毁，消灭藏匿在枯藤、落叶中的幼虫和蛹，以压低虫口基数。及时翻耕土壤，适当灌水，增加土壤湿度，降低成虫羽化率。

（2）**物理防治**。于成虫盛发期在田间安装频振式杀虫灯或黑光灯，利用成虫趋光性诱杀成虫，降低田间落卵量（图65）。

图65 田间安装杀虫灯

（3）**药剂防治**。加强虫情监测，在成虫产卵高峰期后4～5天，即初孵幼虫盛发期是用药最佳时间。喷药时重点喷植株中上部叶片背面。药剂可选择5%氯虫苯甲酰胺悬浮剂1 000倍液、15%茚虫威悬浮剂3 500倍液、24%甲氧虫酰肼悬浮剂1 000倍液、10%溴虫腈悬浮剂1 500倍液、1.8%阿维菌素乳油1 500倍液、2.5%多杀菌素悬浮剂1 500倍液、2.5%氟啶脲乳油1 000倍液、40%辛硫磷乳油1 000倍液、0.36%苦参碱乳油1 000倍液或20%氰戊菊酯乳油2 500倍液。建议不同类农药交替使用。

黄 守 瓜

黄守瓜 [*Aulacophora indica* (Gmelin)] 俗称瓜守、黄萤、瓜萤等，全国各省份均有分布，华东、华中、西南、华南地区发生危害重。成虫和幼虫均可危害。成虫最喜取食嫩叶，常以身体作半径旋转绕圈咬食，在叶片上留下环形或半环形缺刻，这是黄守瓜危害后的典型症状，易于识别（图66）；也常咬断瓜苗的嫩茎，引起成片死苗，苗期管理不善可导致毁苗改种；还可危害幼瓜，造成产量损失。初孵幼虫孵化后即潜入土内危害寄主的细根，三龄幼虫蛀食主根或蛀入贴地面的瓜果皮层，导致瓜苗枯死，引起果实腐烂，影响瓜果的品质和质量。

图66　黄守瓜危害状

[形态特征]

成虫：为长椭圆形甲虫，体长8 ～ 9毫米，宽3 ～ 4毫米，体色呈橙黄、橙红或带棕色，有光泽，仅复眼、上唇、后胸腹面和腹节为黑色。触角丝状，11节，约为体长的一半，触角间隆起似脊。前胸背板长方形，中央有一弯曲深横沟，沟中段略向后弯入，呈浅V形；前胸背板的4个侧角各有1根长毛鬃。鞘翅中部以后略膨大，鞘翅上密布细小刻点。雌虫腹部末节向后延伸，背面呈三角形露出鞘翅外，腹部末端有1个V形或U形缺刻。雄虫腹末为圆锥形，末节有一“匙”形构造（图67）。

图67　黄守瓜成虫（左）和蛹（右）

卵：长0.7 ～ 1毫米，宽0.6 ～ 0.7 毫米，近椭圆形，初产时为鲜黄色，中期时黄色变淡，到孵化前呈黄褐色，表面密布六角形蜂窝状斑纹。

幼虫：有3龄。长圆筒形，体细长。幼虫初孵白色，以后头渐变为褐色；老熟时体长约12毫米，长椭圆形，头部黄褐色，前胸背板黄色，胸腹部黄白色，臀板腹面有肉质突起，上生细毛。

蛹：体长约9毫米，宽2.5 ～ 3.5毫米。裸蛹，近纺锤形，乳白色至淡黄褐色，羽化前，蛹体为黑褐色。头缩在前胸下，上方两侧各有3根褐色刚毛。前翅的翅芽伸达第五腹节，后足伸达第六腹节。各腹节背面疏生褐色刚毛，腹部末端有1对巨刺状突（图67）。

[发生条件]

（1）**温度**。当土壤温度升到6℃时，越冬成虫开始活动。温暖湿润气候有利于该虫的繁殖。成虫耐热喜湿但不耐寒，因此在南方发生危害更重。成虫一般在降雨后即大量产卵于瓜根部及瓜下土缝中，壤土中产卵最多。

（2）**湿度**。黄守瓜产卵的多少与湿度密切相关，在20 ～ 30℃的适温范围内，湿度愈高产卵愈多。卵的孵化也要求很高的湿度，相对湿度100%时孵化率100%，湿度越大产卵越多，在25℃适宜温度下，相对湿度低于75%时，卵不能孵化。若产卵期降雨少，则其产卵会延迟。因此，降雨早且多的年份有利于黄守瓜的发生。

（3）**生态环境**。瓜类作物连作区、保温性好的壤土和黏土地，该虫发生较重，而在沙土中发生较轻。

[防治关键技术]

（1）**农业防治**。冬前彻底清除田园，填平土缝。消灭越冬虫源及场所。利用温床早育苗、早移栽，待成虫活动危害时，已过瓜苗受害严重的敏感期，受害程度相对减轻。与葱、蒜 、甘蓝、芹菜、莴苣等作物间作或轮作，可大大减轻危害。覆盖地膜或在瓜苗的四周撒草木灰、糠秕、锯末等可防止成虫产卵。用麦秆等物把瓜果垫起，防止土中幼虫蛀入。

（2）**物理防治**。棚室等保护地瓜类栽培覆盖防虫网，可减少成虫飞入棚内产卵，减少下一代害虫数量。大田地膜覆盖栽培，可以避免或减少异地成虫迁入产卵。对于露地瓜苗，则在幼苗出土后1 ～ 2天，用防虫纱网将幼苗罩起来，待幼苗蔓长到30 厘米以后揭去纱网，该法对保护露地西瓜苗的效果很好。也可于清晨成虫不活动时进行人工捕杀，亦可悬挂黄色粘板诱杀成虫。

（3）**药剂防治**。植株苗期受黄守瓜危害较成株期严重，是重点防治时期。而此时瓜类幼苗抗药力弱，易产生药害，因此，化学防治时应慎重选药，注意选用适当药剂，严格掌握施用浓度。①喷雾防治成虫。可选用80%敌敌畏乳油1 000 ～ 1 500倍液、10%高效氯氰菊酯乳油3 000倍液、2.5%溴氰菊酯乳油3 000 ～ 4 000倍液、或21%增效氰·马乳油6 000倍液、4.5%高效氯氰菊酯微乳剂 2 500倍液、5.7%氟氯氰菊酯微乳剂2 000倍液、20%氰戊菊酯乳油3 000倍液、3%啶虫脒乳油1 000倍液、75%鱼藤酮乳油800倍液等。②灌根防治幼虫。在幼苗初见萎蔫时，可采用80%敌百虫可溶性粉剂、50%辛硫磷乳油、2.5%鱼藤酮乳油等1 000倍液灌根，每株药量100 ～ 200毫升，或用烟草水40倍浸出液（在半支香烟的烟丝中加40毫升蒸馏水浸泡1天）浇瓜根，也可将茶籽饼粉用开水浸泡后加入粪水中，每亩用20 ～ 25 千克灌根，来杀灭根部幼虫。

瓜　实　蝇

瓜实蝇［*Bactrocera cucurbitae*（Coquillett)］又名黄瓜实蝇、瓜小实蝇、瓜大实蝇、针蜂、瓜蛆。瓜实蝇以成虫产卵危害和幼虫蛀瓜危害。雌虫以产卵管刺入幼瓜表皮内产卵，单雌可产卵几十粒到1 000余粒；刺伤处凝结流胶，畸形下陷，果皮变硬，瓜味苦涩，品质下降。幼虫孵化后即钻进瓜内蛀食，将瓜蛀食成蜂窝状，以致瓜条腐烂、脱落。受害轻的，瓜果生长不良，不易储存；受害重的，被害瓜先局部变黄，后全瓜腐烂变臭，造成落瓜，落瓜剖面可见乳白色幼虫（图68）。近几年瓜实蝇已成为瓜类生产中的重要害虫之一，严重影响着瓜类的产量与品质。

［形态特征］

成虫：体形似蜂，黄褐色至红褐色，长7 ～ 9毫米，宽3 ～ 4毫米，翅长7毫米，前胸左右及中、后胸有黄色的纵带纹。翅膜质、透明，杂有暗褐色斑纹。腹背第四节以后有黑色的纵带纹(图69)。

卵：细长形，长约0.8毫米，一端稍尖，乳白色。

幼虫：共有3龄。老熟幼虫体长9 ~ 11毫米，蛆状，乳黄色，口钩黑色。

蛹：长约5毫米，圆筒形，黄褐色。

图68　瓜实蝇危害哈密瓜

图69　瓜实蝇成虫

［发生条件］

（1）**温度**。瓜实蝇在15 ～ 30℃范围内可正常发育，25 ～ 30℃为该虫最适生长发育温度。在温度为25℃时，瓜实蝇的产卵量最大。

（2）**湿度**。瓜实蝇卵的孵化与发育需要较高的湿度条件，过于干旱则卵不孵化，但湿度过饱和情况下卵的孵化率也明显降低。土壤相对湿度也对瓜实蝇的化蛹率、蛹存活率影响很大，虽然不同湿度条件下瓜实蝇老熟幼虫均可以入土化蛹，但在干旱土壤条件下，瓜实蝇幼虫仅在土壤表层化蛹；而在潮湿的土壤条件下，大多数幼虫可入土3 ～ 5厘米化蛹。土壤相对湿度低于25%时，瓜实蝇幼虫均可以化蛹，其中以5% ～ 25%的湿度其化蛹率最高，可达75%以上；土壤相对湿度超过25%时，瓜实蝇幼虫化蛹率降低。

（3）**周边寄主植物**。瓜实蝇危害程度还与周边环境有密切关系，若西瓜和甜瓜田附近蜜源植物丰富，则成虫产卵量大，瓜田受害严重。

［**防治关键技术**］ 瓜实蝇成虫飞行能力强，幼虫藏于瓜果内蛀食，对该虫的防治较困难，可采用以下综合防治方法。

（1）**农业防治**。①搞好田园卫生。加强检查，清除被害瓜果，消灭虫源；将局部变黄变软和不正常的幼瓜摘下，集中深埋或沤肥，防止幼虫入土化蛹。②翻耕土灭虫。冬、春土壤各翻耕1次，以减少和杀死土中过冬的幼虫和蛹。③套袋栽培。对有条件套袋的瓜田，在幼瓜期，成虫未产卵前进行套袋，防止成虫产卵危害；套袋最好时机是在花完全凋谢后、幼瓜生长到2 ～ 4厘米长时进行（图70）。④选用抗性品种。种植对瓜实蝇有抗性的瓜类品种，可有效控制其自然种群增殖。

（2）**物理防治**。诱杀成虫的方法主要有3种。①毒饵诱杀。利用成虫喜食甜质花蜜的习性，用香蕉皮、菠萝皮、南瓜或甘薯等与农药如90%敌百虫晶体、香精油、糖，按40 ：0.5 ：1 ：1的比例调成糊状毒饵，直接涂于瓜棚竹篱上或盛在容器内，诱杀成虫（每亩放20个点，每点25克）；目前已有商品化出售的饵剂可供农户进行田间的成虫诱杀防治。②性诱剂灭雄。采用商品化出售的瓜实蝇专用性诱剂和诱捕器悬挂田间，可起到诱杀大量雄性成虫而减少因雌雄交配产卵数量的作用，明显压低田间虫源。③粘虫板。田间悬挂黄色粘板诱杀成虫也可取得良好防效。

（3）**药剂防治**。于成虫盛发期，在瓜棚可喷施2.5%高效氯氟氰菊酯乳油2 500倍液、2.5%溴氰菊酯乳油2 000倍液、1.8%阿维菌素乳油2 000倍液、90%敌百虫晶体1 000倍液、40%辛硫磷乳油800倍液或80%敌敌畏乳油800倍液等。3 ～ 5天喷1次，连喷2 ～ 3次，药液中加少许糖，防治效果更佳。对落瓜附近的土面喷淋50%辛硫磷乳油800倍液，可防止蛹羽化。

图70　甜瓜套袋栽培减轻瓜实蝇危害

主要参考文献

陈红运，陈青，杨英华，等. 2012. 甜瓜黄斑病毒三亚分离物SRNA的分子特征[J]. 植物病理学报，42(5): 536-540.

陈万梅，符悦冠，彭正强，等. 2004. 海南3地区瓜绢螟种群对3种药剂的敏感性及其酶系比活性的测定[J]. 热带作物学报，25(2): 37-41.

陈熙，鲍建荣，钟慧敏，等. 1991. 西瓜蔓枯病研究Ⅱ. 病残体上病菌的存活力及其传病作用[J]. 浙江农业大学学报，17(4): 401-406.

陈熙，鲍建荣，钟慧敏，等. 1992. 西瓜蔓枯病研究——病害的消长规律[J]. 浙江农业大学学报，18(5): 55-59.

谌江华，陈若霞，李斌. 2010. 壳聚糖对黄瓜苗期猝倒病的防控效果[J]. 浙江农业科学(4): 846-848.

戴富明. 2004. 保护地栽培蔬菜的病害及其防治[J]. 上海蔬菜(6): 88.

丁志宽，钱爱林，林双喜，等. 2003. 西瓜菌核病的流行原因及综合防治技术[J]. 植保技术与推广，23(6): 17-18.

董金皋. 2007. 农业植物病理学[M]. 北京：中国农业出版社.

冯子贤. 2010. 甜瓜霜霉病的发生与防治[J]. 内蒙古农业科技(3): 103.

耿丽华，郭绍贵，张海英，等. 2010. 西瓜根腐病菌的生物学特性[J]. 中国蔬菜(18): 60-63.

宫树全，于君书. 2009. 甜瓜炭疽病的发生与防治[J]. 吉林蔬菜，2:7.

顾广群，顾可俊，沈士恩. 2007. 西瓜病害发生规律及防治技术研究与应用[J]. 现代农业科技(10): 90-91.

洪晓月. 2012. 农业螨类学[M]. 北京：中国农业出版社.

胡俊. 2010. 蔬菜常见病虫害绿色防控技术[M]. 呼和浩特：内蒙古教育出版社.

黄云鲜，吴小明，叶志文. 2009. 甜瓜炭疽病的发生与综合防控技术[J]. 广西热带农业(2): 37.

江蛟，陈怀谷，羊杏平，等. 2007. 甜瓜蔓枯病的防治药剂筛选试验[J]. 长江蔬菜 (11): 48-49.

姜明龙. 2008. 甜瓜疫病发生与综合防治[J]. 吉林蔬菜 (5): 53.

蒋日盛，罗坤. 2005. 春季棚栽日本网纹甜瓜主要病虫及防治技术[J]. 江西植保 (1): 33-35.

李怀芳. 2009. 园艺植物病理学[M]. 北京: 中国农业大学出版社.

李金堂. 2010. 西瓜甜瓜病虫害防治图谱[M]. 济南: 山东科学技术出版社.

李明远，李兴红，严红，等.2008. 主要瓜类蔬菜霜霉病的发生与防治(一)[J]. 中国蔬菜 (4):55-57.

李省印，麦晓丽，张会梅，等. 2011. 甜瓜几种主要病害的杀菌剂防治效果比较研究[J]. 北方园艺 (12): 127-129.

李伟，张爱香，江蛟，等. 2008. 甜瓜蔓枯病病原鉴定及其生物学特性[J]. 江苏农业学报，24(2): 148-152.

李向东，郭兴启，古勤生，等. 2000. 西瓜病毒病的发生与防治[J]. 中国西瓜甜瓜 (1): 17-19.

梁超澎，金桂月. 2008. 西瓜炭疽病发生原因及防治技术[J]. 植物保护 (7): 45-46.

刘春艳，王万立，郝永娟，等. 2010. 大棚甜瓜枯萎病的发生及综合防治[J]. 农业科技通讯 (1): 171.

刘秀波，崔琦，崔崇士. 2005. 瓜类白粉病抗性育种研究进展[J]. 东北农业大学学报，36(6): 794-798.

刘学芳，王立文. 2008. 大拱棚西瓜主要病害及无公害防治[J]. 北方园艺 (9): 39-40.

马俊义，杨渡，范咏梅，等. 2003. 甜瓜霜霉病发生规律及其综合防治[J]. 新疆农业科学，40(5): 293-295.

马文敏，刘亚春. 2011. 西瓜种植中主要病害及防治措施[J]. 中国园艺文摘，3: 147-148.

玛利亚木 · 卡德尔，苏来曼 · 艾则孜. 2010. 甜瓜白粉病防治技术[J]. 新疆农业科技 (2): 40.

努尔 · 麦麦提，杨渡，依米尔 · 艾乃斯，等. 2011. 新疆立架栽培甜瓜白粉病药剂防治研究[J]. 中国瓜菜，24(1): 31-34.

曲喜云，李淑兰，董礼华，等. 2006. 甜瓜疫病的防治技术[J]. 吉林蔬菜

(2): 39.

屈欣，张涛. 2009. 大棚西瓜栽培主要病害及防治措施[J]. 现代园艺，5: 67.

石延霞，李宝聚，刘学敏. 2005. 黄瓜霜霉病菌侵染若干因子的研究[J]. 应用生态学报，16(2): 257-261.

苏俊坡. 2008. 大棚甜瓜枯萎病综合防治技术[J]. 河北农业科技 (8): 30.

孙迅. 2007. 甜瓜枯萎病的发生与防治[J]. 吉林蔬菜 (6): 62.

唐洪妹. 2009. 五种杀菌剂对西瓜菌核病菌的抑菌效果试验[J]. 上海蔬菜 (4)4: 88-89.

田黎，陈向东，孙京城. 1995. 新疆黄瓜、甜瓜霜霉病侵染途径及防治[J]. 新疆农业科学 (3): 133-134.

王恩才，刘国权，夏英成. 2007. 西瓜疫病的发生与防治[J]. 吉林蔬菜 (5): 39-40.

王开冻，项友武，史红林. 2003. 甜瓜枯萎病的发生与防治[J]. 湖北植保 (1) : 15.

王立新，李作文，郝春霞. 2011. 西瓜蔓枯病的症状与防治[J]. 农业科技通讯 (1): 171-172.

王培双，董勤成. 2010. 瓜类蔓枯病重发原因及综合防治措施[J]. 安徽农学通报，16(14): 140-142.

王晓娟. 2000. 西瓜叶枯病的发生与防治[J]. 蔬菜 (3): 22-23.

王晔，冒云林，朱秋兵. 2004. 西瓜菌核病的发生与防治[J]. 上海蔬菜 (6): 64-65.

肖敏，吉训聪，王运勤，等. 2011. 海南岛甜瓜镰刀菌果腐病药剂防治研究[J]. 长江蔬菜 (2): 63-65.

谢圣华，肖彤斌，芮凯，等. 2006. 嘧菌酯在4种瓜类真菌病害防治中的应用[J]. 热带农业科学，26(2): 3-6.

谢兴刚，王果萍，周小梅，等. 2007. 西瓜枯萎病防治现状与展望[J]. 山西农业科学，35(4): 64-67.

徐志豪，寿伟林，黄凯美，等. 1999. 白粉病菌的生理小种及其对不同基因型甜瓜的致病性(英文)[J]. 浙江农业学报，11(5): 245-248.

荀贤玉，石磊，戚银祥. 2007. 甜瓜病毒病的发生与防治[J]. 长江蔬菜(5): 20.

杨渡，白山・哈基塔依，阿地里・亚森，等. 2007. 干旱区甜瓜霜霉病远距离传播空间结构的初步研究[J]. 植物病理学报, 37(2): 184-190.

杨渡, 马俊义, 范咏梅, 等. 1999. 哈密瓜霜霉病流行预测模型创建及应用[J]. 中国农学通报, 15(6): 27-30.

杨柳燕, 徐永阳, 徐志红, 等. 2011. 甜瓜霜霉病研究进展[J]. 中国瓜菜, 24(3): 38-43.

殷丽娟, 高运杰. 2005. 甜瓜白粉病的发生与综合防治技术[J]. 北方园艺(4): 64-66.

俞正旺, 李子云, 张卫芳. 1997. 西瓜病毒病的发生危害及对策[J]. 河南农业科学(3): 27-29.

张丽凤, 石佩君, 孙静, 等. 2010. 甜瓜炭疽病的发生与防治[J]. 北方园艺(1): 161.

张岩, 焦定量, 常雪艳, 等. 2009. 西瓜蔓枯病的发生及防治方法[J]. 天津农林科技(1): 26-27.

张友军, 朱国仁, 褚栋, 等. 2011. 我国蔬菜作物重大入侵害虫发生、危害与控制[J]. 植物保护, 37(4): 1-6.

张玉艳, 杨俊环. 2007. 甜瓜枯萎病的发生及防治[J]. 吉林蔬菜(4): 41.

赵廷昌. 2012. 西瓜甜瓜病虫草害防治技术问答[M]. 北京: 金盾出版社.

赵卫星, 徐小利, 常高正, 等. 2012. 河南省西瓜病害发生动态及综合防治策略[J]. 北方园艺(9): 156-158.

郑果. 2005. 西瓜疫病化学防治药剂筛选[J]. 中国西瓜甜瓜(3): 18-19.

郑顺林, 李首成, 刘西瑜. 2006. 新疆晚熟甜瓜病毒病防治思路与对策[J]. 中国瓜菜(2): 32-33.

Keinath A P. 1995. Fungicide timing for optimum management of gummy stem blight epidemics on watermelon[J]. Plant Disease, 79: 354-358.

Keinath A P. 2000. Effect of protectant fungicide application schedules on gummy stem blight epidemics and marketable yield of watermelon[J]. Plant Disease, 84: 254-260.

Keinath A P, Holmes G J, Everts K L, et al. 2007. Evaluation of combinations of chlorothalonil with azoxystrobin, harpin, and disease forecasting for control of downy mildew and gummy stem blight on melon[J]. Crop Protection, 26: 83-88.

Kuzuya M, Yashiro K, Tomita K, et al. 2006. Powdery mildew (*Podosphaera xanthii*) resistance in melon is categorized into two types based on inhibition of the infection processes[J]. Journal of Experimental Botany, 57(9): 2093-2100.

Lebeda A, Cohen Y. 2011. Cucurbit downy mildew (*Pseudoperonospora cubensis*) biology, ecology, epidemiology, host-pathogen interaction and control[J]. European Journal of Plant Pathology, 129: 157-192.

图书在版编目（CIP）数据

图说西瓜甜瓜病虫害防治关键技术 / 赵廷昌主编.—北京：中国农业出版社，2014.12（2017.11重印）
（建设社会主义新农村图示书系）
ISBN 978-7-109-19720-6

Ⅰ.①图… Ⅱ.①赵… Ⅲ.①西瓜–病虫害防治–图解②甜瓜–病虫害防治–图解 Ⅳ.①S436.5-64

中国版本图书馆CIP数据核字（2014）第250746号

中国农业出版社出版
（北京市朝阳区麦子店街18号楼）
（邮政编码 100125）
策划编辑 阎莎莎 张洪光
文字编辑 宋美仙

中国农业出版社印刷厂印刷 新华书店北京发行所发行
2014年12月第1版 2017年11月北京第3次印刷

开本：880mm×1230mm 1/32 印张：2.75
字数：68千字 印数：7 001～10 000册
定价：15.00元